MATEMATICA A QUIZ

VOL. IV

200 E PIÙ QUESITI

PER POTENZIARE LE **COMPETENZE**

E PREPARARSI ALLE **PROVE INVALSI**

- II EDIZIONE[§] CON SOLUZIONI INTEGRATE -

ANDREA MACCO

[§] Con revisioni e correzioni a seguito del lavoro didattico svolto con gli studenti delle classi I A e I B 2018-19 dell'Istituto Santa Maria Immacolata di Via Semeria in Genova (un grazie speciale a ciascuno di loro da parte del sottoscritto, loro insegnante di Matematica)

Questo testo è stato stampato con caratteri ad alta leggibilità, secondo le linee guida nazionali per gli studenti con <u>Disturbi Specifici di Apprendimento</u> (DSA).

Copyright © 2019 Blue Monkey Studio
(pubblicato tramite la linea editoriale Zenith Books)

Tutti i diritti riservati

«La competenza inerisce al soggetto
con un'intimità che fa del "saper fare"
una espressione manifesta del "saper essere".
Piuttosto che avere una competenza,
competenti si è.»

Elio Damiano[**]

Alle mie montagne,

e a chi, in montagna, sa andare e sa guidare,
con passione e competenza.

[**] Professore ordinario di Didattica generale presso l'Università di Parma, già docente di scuola primaria e secondaria e dirigente scolastico, insignito del "Premio italiano di pedagogia" (2014) per i suoi saggi sulla didattica e sull'insegnamento.

NON UNA PREFAZIONE, MA QUASI...

Può la matematica essere una materia creativa ed entusiasmante?

Certo che sì!

È sufficiente proporla come un sfida e può diventare anche divertente.

Da insegnante di Lettere, collega del Professor Andrea Macco, sono stata contagiata dall'appassionata partecipazione dei ragazzi alle gare matematiche sia individuali che a squadre.

La gioiosa ricerca di soluzioni è alla base di questo progetto editoriale che è stato pensato su tre diversi livelli (suddivisi in tre libri) al fine di proporre quesiti solo dopo aver fornito gli strumenti necessari ad affrontarli. Le prove, tarate sulle competenze conseguite nel corso di ogni anno scolastico, risultano accessibili ma sfidanti.

Non si tratta, quindi, solo di una serie di esercizi di addestramento alla prova Invalsi ma di materiale didattico originale, che si propone come guida affidabile lungo il percorso di studi della scuola secondaria di primo grado.

Accanto alle esercitazioni per segmenti sequenziali si propongono compiti complessi che, per giungere alla soluzione, richiedono un'attenta lettura e una corretta interpretazione dei dati. Lo studente, in questo modo, assume un ruolo attivo, propositivo, attivatore di strategie.

Nei test riveste un ruolo centrale anche l'uso del tempo: non solo tempo per fare ed eseguire ma anche tempo per fermarsi a riflettere sui risultati. L'errore, in questa dimensione di autovalutazione, diventa una risorsa che rende gli studenti consapevoli dei rinforzi che si rendono necessari ma anche dei punti di forza.

Stimolare il senso critico e la ricerca di risposte originali sono i traguardi verso i quali è orientato questo libro. Troppo spesso diamo agli studenti risposte da ricordare, piuttosto che problemi da risolvere.

Cristina Bruzzone

PRIMA DI INIZIARE...

MATEMATICA A QUIZ – VOL. I

II EDIZIONE CON SOLUZIONI INTEGRATE

**200 e più quesiti
per potenziare le Competenze,
e prepararsi alle prove INVALSI**

Questa **edizione speciale** presenta anche la sezione II, dedicata alle soluzioni dei quesiti delle varie prove.

Le soluzioni sono riportate sotto forma di tabella di modo da facilitare la loro consultazione alla luce dei criteri di valutazione illustrati nel primo capitolo.

Le soluzioni sono spesso corredate di commenti e annotazioni che l'autore ha reso disponibile
sulla base della propria esperienza didattica.

L'autore resta a disposizione
per errori, omissioni, imprecisioni,
ritenendo ogni confronto un prezioso contributo
a migliorare la qualità della didattica e dell'insegnamento.

Lo potete contattare scrivendo a:

didattica@bemystudio.com

CORREZIONE E VALUTAZIONE DELLE PROVE

CORREZIONE

Le soluzioni, rese disponibili in questa edizione nella sezione II, costituiscono non un punto di arrivo, ma un punto di partenza su cui lavorare, sia individualmente, sia con l'intera classe. Infatti, il confronto tra pari o, per i quesiti più difficili, la discussione in gruppi o plenaria può costituire un ottimo modo per arrivare non solo alla soluzione corretta, ma pure alla sua *piena comprensione*[1].

VALUTAZIONE

Esistono diversi modi di valutare ognuna di queste prove, ne suggeriamo in particolare tre. In tutti, per ogni domanda di ogni quesito (item) viene attribuito un punteggio pari a 1 se la risposta è corretta, 0 se errata o in bianco.

- **<u>Valutazione immediata mediante proporzione</u>:** per ogni prova è indicato il numero totale di items: questo numero è il punteggio massimo raggiungibile. Impostando la proporzione:

    punti totalizzati : punteggio massimo = x : 10

    si ricava il voto x, in decimi:

    x = punti totalizzati · 10 : punteggio massimo

---

[1] Alla stessa soluzione corretta, talvolta, si può arrivare mediante percorsi e ragionamenti differenti. La valorizzazione di procedimenti differenti dal proprio è senz'altro da incentivare e va nell'ottica dello sviluppo delle competenze.

Vantaggi: calcolo semplice e immediato; si hanno anche i voti intermedi e non solo quelli interi (con le dovute approssimazioni sul valore ottenuto per x).

Svantaggi: non si tiene conto della difficoltà dei quesiti, della suddivisione in blocchi, né delle diverse aree tematiche. Non si valutano le competenze specifiche.

- **Valutazione mediante i blocchi di livello**, suggerita dall'INVALSI (Istituto Nazionale per la Valutazione del Sistema dell'Istruzione): per ogni quesito viene indicato il blocco di riferimento:

blocco A, di colore bianco (quesiti base, solitamente volti a testare le conoscenze e le abilità);

blocco B, di colore grigio (quesiti più avanzati, volti a testare le competenze).

Al termine della correzione si sommano separatamente i punteggi dei due blocchi e si trasformano in punti mediante una apposita tabella. La somma dei punti ottenuti nei due blocchi fornisce il voto in centesimi (e, di conseguenza, in decimi).

Vantaggi: la valutazione tiene conto della difficoltà degli esercizi e permette di ottenere una prima indicazione sulla preparazione: se si è ottenuto un punteggio alto nel blocco A ma basso in quello B occorre incrementare l'allenamento nei problemi e nelle applicazioni; viceversa un punteggio alto nel blocco B ma basso in quello A può indicare una buona competenza nel risolvere problemi ma una tendenza ad uno studio delle regole più approssimativo. Ovviamente queste considerazioni non sono una regola generale e occorre svolgere un attento esame caso per caso.

Svantaggi: la correzione è leggermente più elaborata, restituisce quasi sempre un voto intero e può, in certi casi, portare ad un livellamento della classe sui voti intermedi.

- **Valutazione tramite rubrica delle competenze**: è la valutazione che segue le nuove linee guida e si basa su un'analisi dei punteggi riportati in ognuno dei 4 nuclei tematici a cui afferiscono i quesiti di una prova:

    **numeri;
    spazio & figure;
    relazioni & funzioni;
    misure, dati & previsioni.**

Questo tipo di valutazione non restituisce una valutazione numerica, ma un livello di competenza secondo gli indicatori ministeriali[2].

Vantaggi: permette un'analisi approfondita su punti di forza e punti di debolezza del singolo studente e dell'intero gruppo classe. Offre una valutazione in linea con la certificazione europea delle competenze.

Svantaggi: la correzione è piuttosto elaborata e occorre un lavoro di analisi capillare. Non restituisce un voto numerico.

Nessun metodo è perfetto, ma ognuno può rispondere ad esigenze differenti. Utilizzare questi o altri metodi ancora[3] in alternanza può essere forse il modus operandi vincente, così da abituare gli studenti a differenti tipi di valutazione.

Altre possibili strategie: correzione "incrociata" tra compagni di classe; svolgimento di qualche prova in coppia per favorire la collaborazione tra pari e l'auto-correzione.

---

[2] Per questa valutazione l'insegnante deve seguire le indicazioni e le griglie di conversione presenti nel libretto delle soluzioni.

[3] Esempi:
- *metodo di attribuire un punteggio negativo alle domande errate*: si scoraggia il "tirare a caso", ma la semplice proporzione può essere molto penalizzante e può portare la media della classe su una votazione medio-bassa, occorrerà allora basarsi su una opportuna tabella di conversione punteggio-voto (anche non lineare);
- *metodo di attribuire la votazione massima (10) a chi ha ottenuto il punteggio più alto* e quindi scalare, ad esempio ogni 2 punti, di mezzo voto: metodo che funziona quando ci sono stati alcuni quesiti a cui nessuno della classe ha saputo rispondere correttamente (...come mai?) ma che può portare a sovrastimare l'effettivo livello di preparazione degli studenti.

ATTENZIONE!

Il primo test di questo libro non prevede una valutazione vera e propria, ma costituisce un "primo allenamento" per testare la capacità di attenzione e di concentrazione, oltre che per riprendere qualche competenza base di ingresso dalla Scuola Primaria.

Le altre 6 prove, invece, saranno strutturate in modo tale da permettere di applicare le valutazioni esposte.

Anche l'ultima prova, che raccoglie 7 tra i più difficili quiz proposti negli anni nelle prove INVALSI ufficiali, risulta fuori da questi schemi docimologici valutativi; è infatti da considerare una prova a sé stante, per le eccellenze ma non solo: può anche essere vista come una prova sfidante per l'intera classe.

PROVA ZERO: TEST DI ATTENZIONE

TEMPO A DISPOSIZIONE: 30 MINUTI   ITEMS: 25

1) Quale dei seguenti numeri è il minore?

   ☐ A. 1,01
   ☐ B. 1,10
   ☐ C. 10,1
   ☐ D. 1,1

2) Antonio oggi ha studiato per 115 minuti. Il suo amico Carlo ha invece studiato per 1 ora e mezza. Quale dei due ragazzi ha studiato di più e di quanto?

   ☐ A. Antonio, di 15 minuti.
   ☐ B. Carlo, di 15 minuti.
   ☐ C. Antonio, di 25 minuti.
   ☐ D. Carlo, di 25 minuti.

3) Considera la seguente moltiplicazione e, senza eseguirla, scegli l'affermazione corretta a suo riguardo:

$$0,1 \cdot 0,2 =$$

   ☐ A. Il risultato sarà un numero intero.
   ☐ B. Il risultato avrà una cifra decimale.
   ☐ C. Il risultato avrà due cifre decimali.
   ☐ D. Il risultato avrà quattro cifre decimali.

PROVA ZERO

4) Quale dei seguenti numeri ha 30 decine?

    ☐ A. 730

    ☐ B. 300

    ☐ C. 3000

    ☐ D. 1233

5) In quale dei seguenti numeri la cifra 0 è non necessaria e il numero può essere riscritto senza di essa senza cambiare di valore?

    ☐ A. 50,2

    ☐ B. 2,50

    ☐ C. 2,05

    ☐ D. 20,5

6) La massa in grammi (comunemente detta "peso") di una matita del tuo astuccio a quale di questi valori si avvicina di più?

    ☐ A. 0,5 g.

    ☐ B. 5 g.

    ☐ C. 50 g.

    ☐ D. 500 g.

7) Quale numero rappresenta il doppio del triplo di 5?

    ☐ A. 10

    ☐ B. 15

    ☐ C. 30

    ☐ D. 45

    ☐ E. Nessuna delle precedenti.

8) Quale di queste figure corrisponde alla descrizione a parole: "Quadrilatero con i lati opposti paralleli e gli angoli a coppie uguali ma non retti"?

☐ A.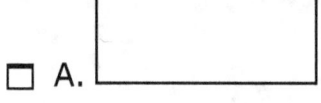

☐ B.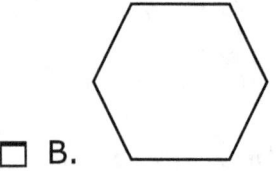

☐ C.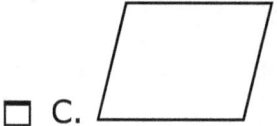

☐ D.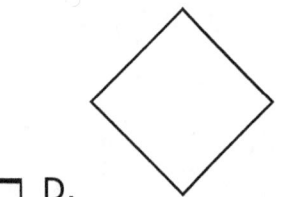

☐ E.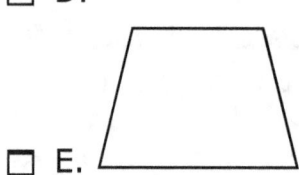

9) Se Carlo è più alto di Franco e Giorgio è più basso di Franco allora...

    ☐ A. Giorgio è il più basso, Carlo il più alto.

    ☐ B. Giorgio è il più basso, Franco il più alto.

    ☐ C. Franco è il più basso, Carlo il più alto.

    ☐ D. Franco è il più basso, Giorgio il più alto.

    ☐ E. Non si può stabilire chi è il più alto.

PROVA ZERO

10) Osserva la figura, stabilisci quindi quale affermazione è l'unica non vera:

☐ A. Le figure nere e bianche sono in sequenza alternata.

☐ B. C'è solo una figura che non è un poligono.

☐ C. La freccia è la figura più a destra.

☐ D. Il cuore è a destra del quadrato.

☐ E. La freccia non punta nessuna delle altre figure.

11) Considera le seguenti date di nascita:

- Andrea 10 aprile 2010;
- Benedetta 15 dicembre 2010;
- Claudio 20 marzo 2010;
- Davide 25 maggio 2011;
- Elena 15 gennaio 2011;
- Fabrizio 31 marzo 2011.

A) Nel corso dell'anno, chi compie gli anni per primo? _____

B) Chi è il più giovane? _____

12) In questa frase, che sembra un poco lunga ma non troppo, ci sono diverse parole da 3 lettere. Sai tu dire quante ne hai contate? Ti do un indizio: sono più di 2 ma meno del numero 9!

☐ A. 5

☐ B. 6

☐ C. 7

☐ D. 8

☐ E. 9

13) Su un piano ci sono tre rette r, s, t distinte tra loro. La retta r è perpendicolare alla retta s, la retta s è perpendicolare alla retta t. Quale di queste affermazioni è la sola vera?

    ☐ A. La retta t è perpendicolare alla retta r.
    ☐ B. La retta t è incidente ma non perpendicolare alla retta r.
    ☐ C. La retta t è parallela alla retta r.
    ☐ D. Non si può dire nulla tra le rette t ed r.

14) In una riserva naturale vivono cinque paia di rapaci, una dozzina di fenicotteri e tre alligatori. Quanti animali ci sono in tutto?

    _____ animali.

15) Stai entrando nel labirinto in figura dalla porta indicata con una freccia. Puoi attraversare solo stanze di forma triangolare. Da quale porta devi uscire?

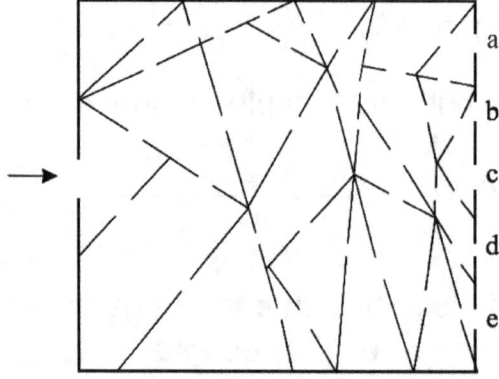

    ☐ A. Dalla porta a.
    ☐ B. Dalla porta e.
    ☐ C. Dalla porta b.
    ☐ D. Dalla porta c.
    ☐ E. Dalla porta d.

PROVA ZERO

16) Considera il numero 7, quindi il suo successivo e di esso fanne il doppio. Di ciò che hai ottenuto considera il precedente. Che numero hai?

   ☐ A. 12
   ☐ B. 13
   ☐ C. 16
   ☐ D. 17
   ☐ E. nessuno dei precedenti.

17) Osserva il seguente grafico, relativo alla temperatura media registrata in una città della Liguria durante una settimana di Marzo.

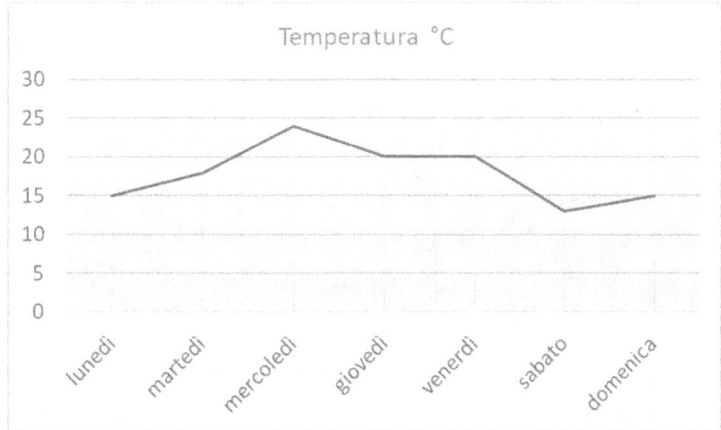

A) Individua quale affermazione è la sola vera.

   ☐ A. Il giorno più freddo è stato mercoledì.
   ☐ B. Il giorno più caldo è stato lunedì.
   ☐ C. La temperatura media non ha mai tenuto lo stesso valore in tutta la settimana.
   ☐ D. Il primo e l'ultimo giorno della settimana la temperatura media è stata la stessa.

B) Scrivi in quale giorno o quali giorni la temperatura media è stata di 20°C.

   _____

18) *Il quadrato sta dentro al cerchio ma è al di fuori del rettangolo. Al suo interno ha il cuore.*

Quale figura rappresenta quanto descritto sopra?

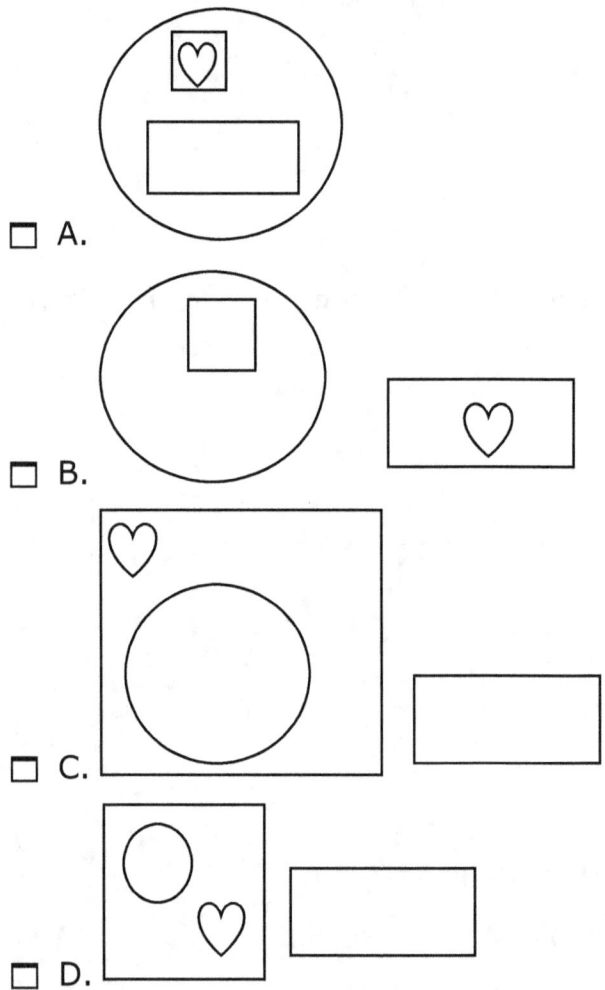

☐ A.

☐ B.

☐ C.

☐ D.

19) Oggi è lunedì. Tra due giorni ci sarà il test di inglese, e il dì successivo quello di geografia. Poi per una settimana nulla, trascorsa la quale ci sarà prima il tema di italiano e, quattro giorni dopo, la verifica di grammatica. Il compito di matematica è il giorno prima di quest'ultimo.

In che giorno della settimana sarà?

_____

PROVA ZERO

20) Quale sequenza è formata solamente da multipli di 2?

　　☐ A. 20; 21; 22; 23; 24; 25; 26; 27; 28; 29.

　　☐ B. 12; 22; 32; 36; 46; 56; 65; 78; 78; 90.

　　☐ C. 18; 24; 36; 48; 60; 72; 78; 88; 92; 96.

　　☐ D. 24; 42; 36; 63; 48; 84; 56; 65; 98; 89.

21) Il numero 24.400.000 è...

　　☐ A. ...compreso tra 23 milioni e 24 milioni.

　　☐ B. ...compreso tra 24 milioni e 25 milioni.

　　☐ C. ...più vicino a 25 milioni che a 24 milioni.

　　☐ D. ...più vicino a 30 milioni che a 20 milioni.

22) Osserva il contenitore graduato. Quando è pieno contiene esattamente 1 litro. Quanti decilitri occorrono per riempirlo completamente?

　　　　　　_____ dl.

23) Paolo vuole scrivere un numero dispari formato da cifre tutte diverse tra loro e dove almeno una cifra sia pari. Quale numero tra questi va bene?

　　☐ A. 2347

　　☐ B. 139

　　☐ C. 7471

　　☐ D. 1234

PROVA ZERO

TEST ULTIMATO. HAI EVITATO I TRABOCCHETTI? SE HAI ANCORA TEMPO, RICONTROLLA LE RISPOSTE!

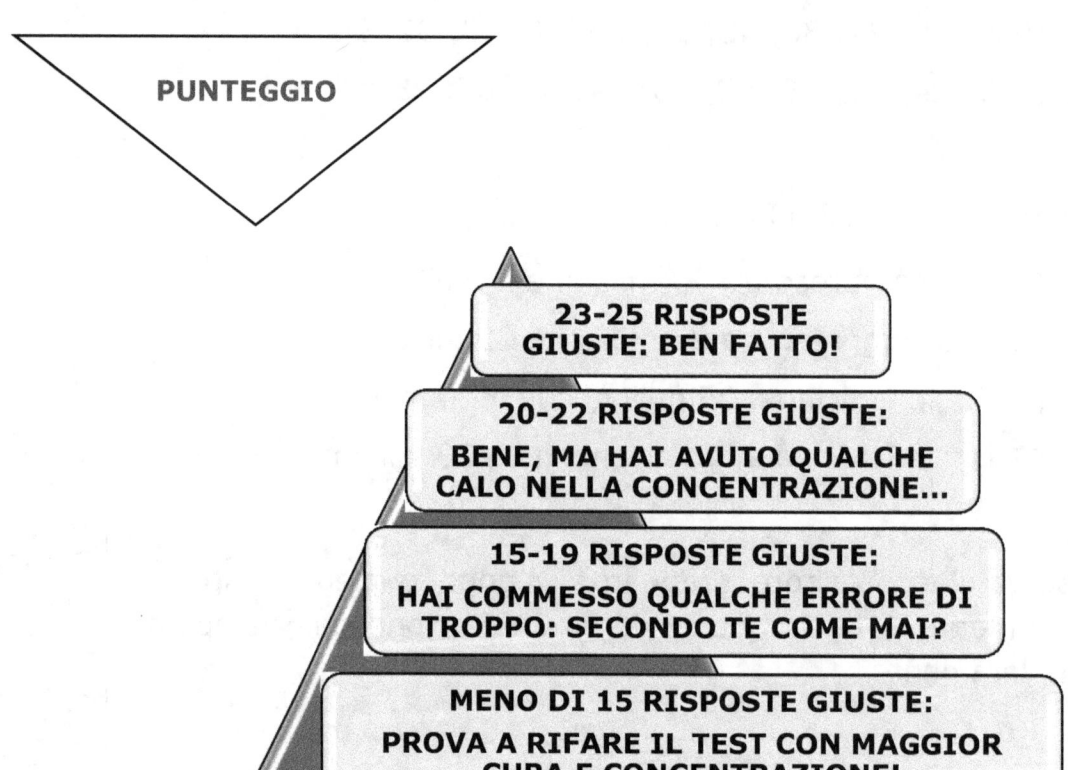

PUNTEGGIO

23-25 RISPOSTE GIUSTE: BEN FATTO!

20-22 RISPOSTE GIUSTE: BENE, MA HAI AVUTO QUALCHE CALO NELLA CONCENTRAZIONE...

15-19 RISPOSTE GIUSTE: HAI COMMESSO QUALCHE ERRORE DI TROPPO: SECONDO TE COME MAI?

MENO DI 15 RISPOSTE GIUSTE: PROVA A RIFARE IL TEST CON MAGGIOR CURA E CONCENTRAZIONE!

PROVA A*

TEMPO A DISPOSIZIONE: 60 MINUTI   ITEMS: 28

A1) Se n rappresenta un numero naturale qualsiasi, quale tra le seguenti affermazioni è la sola corretta?

☐ A. Se n < 10 allora n < 5.
☐ B. Se n < 10 allora n = 0.
☐ C. Se n > 5 allora n > 10.
☐ D. Se n > 10 allora n > 5.

PUNTEGGIO:

A2) Alessia ha 18 anni. Aveva 6 anni quando è nato Giulio. Quanti anni ha Giulio?

☐ A. 6 anni.
☐ B. 10 anni.
☐ C. 11 anni.
☐ D. 12 anni.

PUNTEGGIO:

A3) Quante ore intercorrono tra le sette del mattino e le tre del pomeriggio?

_____ ore.

PUNTEGGIO:

---
* Può essere svolta nel 1° Quadrimestre.

PROVA A

A4) Osserva gli angoli in figura e stabilisci quindi quale delle relazioni inerenti le loro ampiezze è la sola corretta.

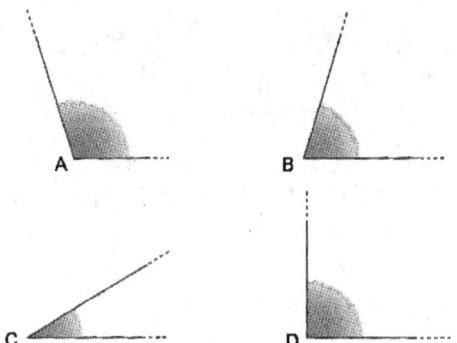

- A. $\hat{A} < \hat{B} < \hat{C} < \hat{D}$.
- B. $\hat{C} < \hat{B} < \hat{D} < \hat{A}$.
- C. $\hat{D} < \hat{C} < \hat{B} < \hat{A}$.
- D. $\hat{B} < \hat{D} < \hat{A} < \hat{C}$.

PUNTEGGIO:

A5) Hai a disposizione monete da 2 euro, 1 euro e 50 centesimi.

    A1) In quanti modi differenti puoi formare 4 euro?

 modi.

    A2) Descrivi la strategia che hai utilizzato per giungere al risultato:

_____

_____

PUNTEGGIO:

A6) Vittoria deve misurare il peso di un vaso ma ha disposizione solo una bilancia a due piatti. Su uno ci mette il vaso e sull'altro una serie di piombini (piccole sfere metalliche). Trova che il vaso misura 24 piombini.

Se 10 grammi equivalgono a 4 piombini, allora quanto pesa, in grammi, il vaso di Vittoria?

PROVA A

☐ A. 6 grammi.

☐ B. 24 grammi.

☐ C. 60 grammi.

☐ D. nessuna delle precedenti.

PUNTEGGIO:

A7) La tabella mostra il numero di minuti consumati da Francesco con il suo smartphone in 4 mesi.

Mese	Consumo (minuti)
Gennaio	306
Febbraio	290
Marzo	302
Aprile	288

Francesco ha un piano tariffario che prevede un canone mensile di 20 euro per 300 minuti di telefonate + 0,20 euro per ciascun minuto al di là dei 300.

A) Quanto ha pagato Francesco per questi 4 mesi?

_____

B) Scrivi i calcoli che hai fatto per giungere alla risposta:

_____

_____

_____

PUNTEGGIO:

A8) Considera la seguente figura:

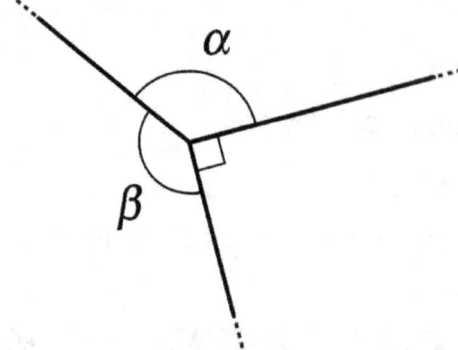

Sapendo che l'angolo α misura 120°, allora...

☐ A. β misura 120°.

☐ B. β misura 150°.

☐ C. β misura 180°.

☐ D. non si può stabilire la misura di β.

PUNTEGGIO:

A9) In Val d'Aosta si tiene ogni anno una gara ciclistica a tappe. Ogni tappa ha una lunghezza che varia tra i 50 e i 100 km.

A) Se la prima tappa è di 68 km, la seconda di 80 e l'intero percorso è di 290 km, quante tappe ha, in tutto, la gara valdostana?

_____ tappe.

B) Scrivi il procedimento che ti ha portato alla risposta

_____

_____

_____

PUNTEGGIO:

PROVA A

A10) Nella figura è riprodotta una cartina topografica dove compaiono le curve di livello, le quali indicano colline o vallate. Tutti i punti su una curva di livello hanno la stessa altezza sul livello del mare. Verso quale direzione scorre il fiume?

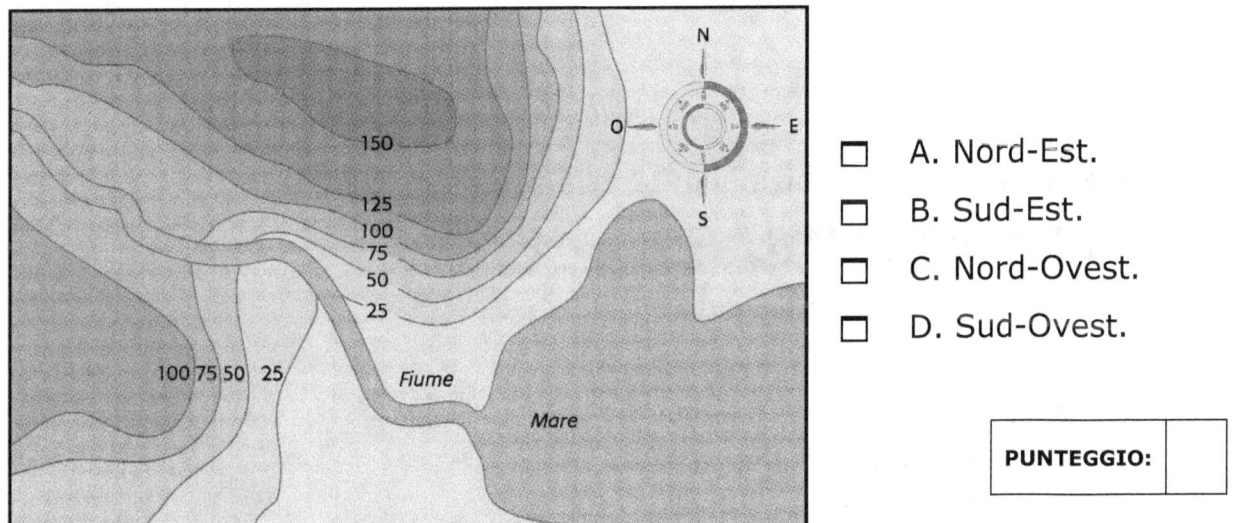

☐ A. Nord-Est.
☐ B. Sud-Est.
☐ C. Nord-Ovest.
☐ D. Sud-Ovest.

PUNTEGGIO:

A11) Nel seguente grafico sono riportati i valori di peso di giovani che frequentano un corso di atletica leggera.

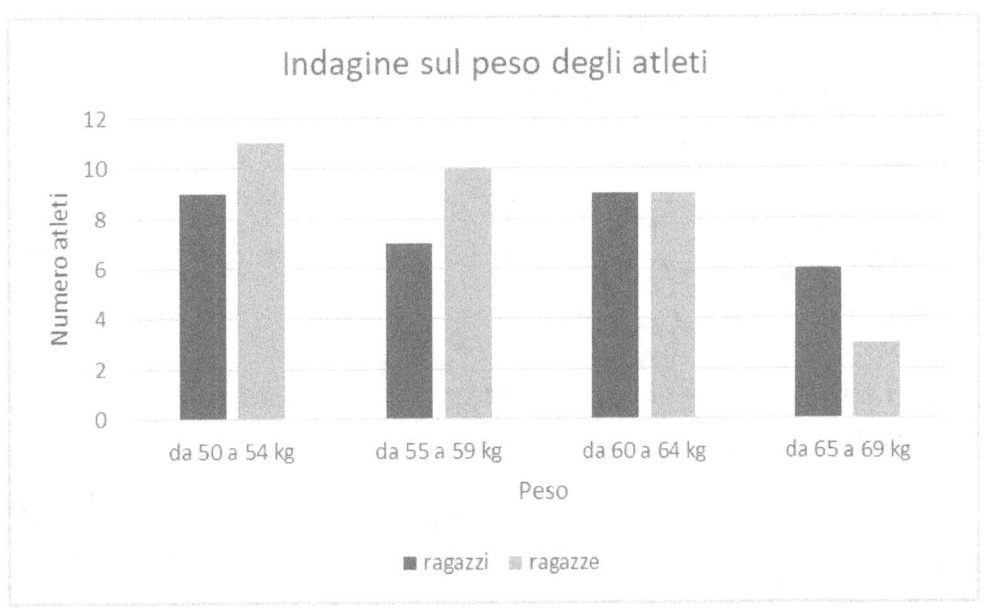

PROVA A

A) Quanti sono gli atleti (ragazzi e ragazze) che hanno un peso maggiore o uguale di 60 kg?

☐ A. 12

☐ B. 15

☐ C. 18

☐ D. 27

B) Stabilisci se le affermazioni in tabella sono vere o false

Affermazione	V	F
Ci sono più ragazze che ragazzi.		
La fascia di peso con più atleti è 50-54 kg.		
C'è una fascia in cui ragazze e ragazzi sono pari in numero.		

A12) "Prendi dieci e aggiungi il prodotto di cinque per sette, quindi dividi per due e infine sottrai otto." È un audio-messaggio che Roberta ha mandato ad Eleonora. Quale espressione deve scrivere Eleonora per tradurre correttamente le istruzioni di Roberta?

☐ A. $(10 + 5 \cdot 7) : (2 - 8)$

☐ B. $10 + 5 \cdot 7 : 2 - 8$

☐ C. $(10 + 5 \cdot 7) : (2 - 8)$

☐ D. $(10 + 5 \cdot 7) : 2 - 8$

A13) Luca ha il triplo degli anni di Mattia, suo nipote. Zio e nipote, insieme, hanno 56 anni. Quanti anni ha Luca?

_____ anni.

PROVA A

A14) Il rettangolo è stato diviso in 5 parti. Solo due di esse hanno la stessa forma e le stesse dimensioni. Quali?

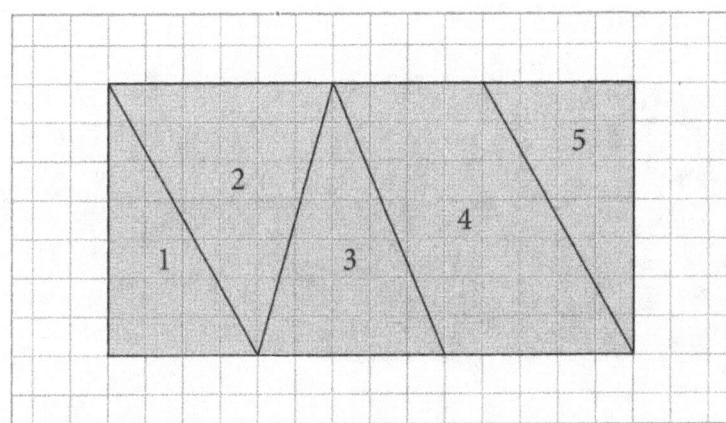

- ☐ A. 2 e 3.
- ☐ B. 2 e 4.
- ☐ C. 1 e 3.
- ☐ D. 1 e 5.

PUNTEGGIO:

A15) Sono le 7 del mattino. Il papà di Luigi è tornato da un viaggio esattamente 10 ore prima.

A) A che ora era arrivato?

- ☐ A. Alle 20 del giorno prima.
- ☐ B. Alle 21 del giorno prima.
- ☐ C. Alle 22 del giorno prima.
- ☐ D. Alle 23 del giorno prima.

B) Se il papà di Luigi deve rimettersi in viaggio tra 18 ore, a che ora ripartirà?

- ☐ A. Alle 23 dello stesso giorno.
- ☐ B. Alle 24 dello stesso giorno.
- ☐ C. All'1 del giorno dopo.
- ☐ D. Alle 2 del giorno dopo.

PUNTEGGIO:

PROVA A

A16) Per avere una vernice di colore rosa, Pino l'imbianchino versa in un contenitore vuoto metà del contenuto del barattolo di vernice bianca e 2,8 dl di vernice rossa.

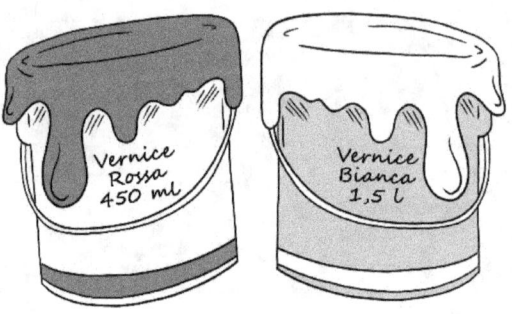

A) Quanta vernice rosa si ottiene?

_____

B) Quanta vernice resta nei due barattoli?

_____ di vernice rossa;

_____ di vernice bianca.

PUNTEGGIO:

A17) Qui sotto è rappresentata la piantina di un centro commerciale.

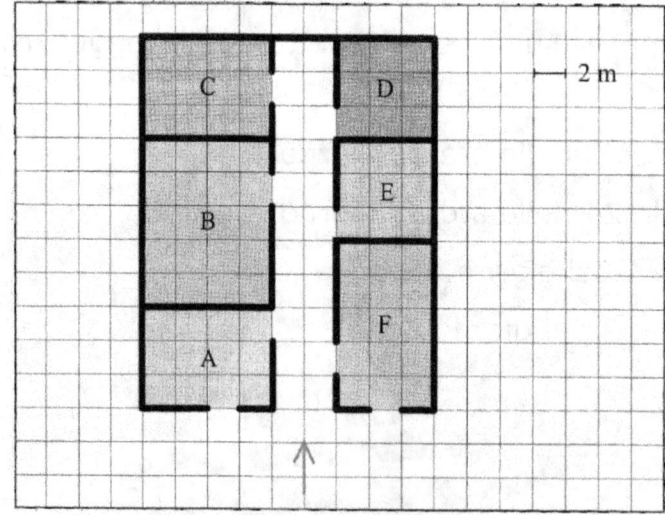

PROVA A

A) Quanti metri è lungo il corridoio?

_____ metri.

B) Quanto misura il perimetro del negozio B?

_____ metri.

PUNTEGGIO:

A18) Ecco un orario degli autobus della linea C che collegano Ancona a Chiaravalle.

Linea C	Ancona - Falconara - Castelferretti - Chiaravalle															
	Orario Feriale invernale															
Piazza Cavour	06.00	06.30	07.00	07.30	08.00	08.10	08.30	09.00	09.30	10.00	10.30	11.00	11.30	12.00	12.30	13.00	13.30
Stazione FS Centrale	06.06	06.36	07.06	07.36	08.06	08.15	08.36	09.06	09.36	10.06	10.36	11.06	11.36	12.06	12.36	13.06	13.36
IIS Podesti - Calzecchi Onesti																	
Torrette - Stazione FS	06.12	06.42	07.12	07.42	08.12	08.20	08.42	09.12	09.42	10.12	10.42	11.12	11.42	12.12	12.42	13.12	13.42
Torrette - Itis	06.13	06.43	07.13	07.43	08.13	08.21	08.43	09.13	09.43	10.13	10.43	11.13	11.43	12.13	12.43	13.13	13.43
Collemarino - Capolinea	06.16	06.46															
Palombina Nuova - Stazione FS	06.16	06.46	07.16	07.46	08.16	08.24	08.46	09.16	09.46	10.16	10.46	11.16	11.46	12.16	12.46	13.16	13.47
Via Ville - C.Commerciale																	
Falconara Stazione FS	06.20	06.50	07.20	07.50	08.20	08.28	08.50	09.20	09.50	10.20	10.50	11.20	11.50	12.20	12.50	13.20	13.50
Via Flaminia - Sottopassaggio	06.21	06.51	07.21	07.51	08.21	08.30	08.51	09.21	09.51	10.21	10.51	11.21	11.51	12.21	12.51	13.21	13.51
Castelferretti	06.30	07.00	07.30	08.00	08.30	08.40	09.00	09.30	10.00	10.30	11.00	11.30	12.00	12.30	13.00	13.30	14.00
Castelferretti - Centro	06.31	07.01	07.31	08.01	08.31	08.40	09.01	09.31	10.01	10.31	11.01	11.31	12.01	12.31	13.01	13.31	14.01
Aeroporto	06.34																
Via Verdi - Incrocio Per Jesi	06.40	07.10	07.40	08.10	08.40	08.45	09.10	09.40	10.10	10.40	11.10	11.40	12.10	12.40	13.10	13.40	14.10
Chiaravalle Capolinea	06.50	07.20	07.50	08.20	08.50	08.55	09.20	09.50	10.20	10.50	11.20	11.50	12.20	12.50	13.20	13.50	14.20
Gabella - Loc. S. Bernardo																	
Marina - Capolinea																	
	Orario Feriale invernale															
Piazza Cavour	14.00	14.30	15.00	15.30	16.00	16.30	17.00	17.30	18.00	18.30	19.00	19.35	20.05	20.30	21.00	21.30	22.30
Stazione FS Centrale	14.06	14.36	15.06	15.36	16.11	16.36	17.06	17.36	18.06	18.36	19.06	19.41	20.11	20.36	21.06	21.36	22.36
IIS Podesti - Calzecchi Onesti																	
Torrette - Stazione FS	14.12	14.42	15.12	15.42	16.17	16.42	17.12	17.42	18.12	18.42	19.12	19.47	20.17	20.42	21.12	21.42	22.42
Torrette - Itis	14.13	14.43	15.13	15.43	16.18	16.43	17.13	17.43	18.13	18.43	19.13	19.48	20.18	20.43	21.13	21.43	22.43
Collemarino - Capolinea												19.51	20.21		21.16		22.46
Palombina Nuova - Stazione FS	14.17	14.47	15.17	15.47	16.22	16.47	17.17	17.47	18.17	18.47	19.17	19.54	20.24	20.47	21.19	21.47	22.49
Via Ville - C.Commerciale																	
Falconara Stazione FS	14.20	14.50	15.20	15.50	16.25	16.50	17.20	17.50	18.20	18.50	19.20	20.09	20.39	20.50	21.34	21.50	23.04
Via Flaminia - Sottopassaggio	14.21	14.51	15.21	15.51	16.26	16.51	17.21	17.51	18.21	18.51	19.21	20.10	20.40	20.51	21.35	21.51	23.05
Castelferretti	14.30	15.00	15.30	16.00	16.35	17.00	17.30	18.00	18.30	19.00	19.30	20.19	20.49	21.00	21.44	22.00	23.14
Castelferretti - Centro	14.31	15.01	15.31	16.01	16.36	17.01	17.31	18.01	18.31	19.01	19.31	20.19	20.49	21.01	21.44	22.01	23.14
Aeroporto																	
Via Verdi - Incrocio Per Jesi	14.40	15.10	15.40	16.10	16.45	17.10	17.40	18.10	18.40	19.10	19.40	20.23	20.53	21.10	21.48	22.10	23.18
Chiaravalle Capolinea	14.50	15.20	15.50	16.20	16.55	17.20	17.50	18.20	18.50	19.20	19.50	20.25	20.55	21.20	21.50	22.20	23.20
Gabella - Loc. S. Bernardo																	
Marina - Capolinea																	

A) Alla mattina parte un autobus da Piazza Cavour ogni 30 minuti. Fa eccezione una corsa sola. Quale?

Corsa delle ore _____.

29

PROVA A

B) Rosalba abita ad Ancona e deve recarsi in Via Flaminia a Falconara. Deve essere lì per le 15.30: entro che ora deve prendere l'autobus da Piazza Cavour?

_____.

C) Domenico prende invece l'autobus alla stazione FS Centrale alle 18.36 e scende a Castelferretti-Centro. Mentre è sull'autobus incontra il suo amico Simone il quale sale a Palombina Nuova e scende in Via Verdi. Quanto tempo i due amici trascorrono insieme sull'autobus?

  ☐ A. 12 minuti.
  ☐ B. 14 minuti.
  ☐ C. 23 minuti.
  ☐ D. 30 minuti.

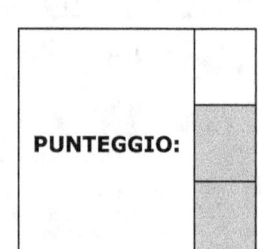

PUNTEGGIO:

A19) Considera le seguenti rette e individua l'unica relazione corretta.

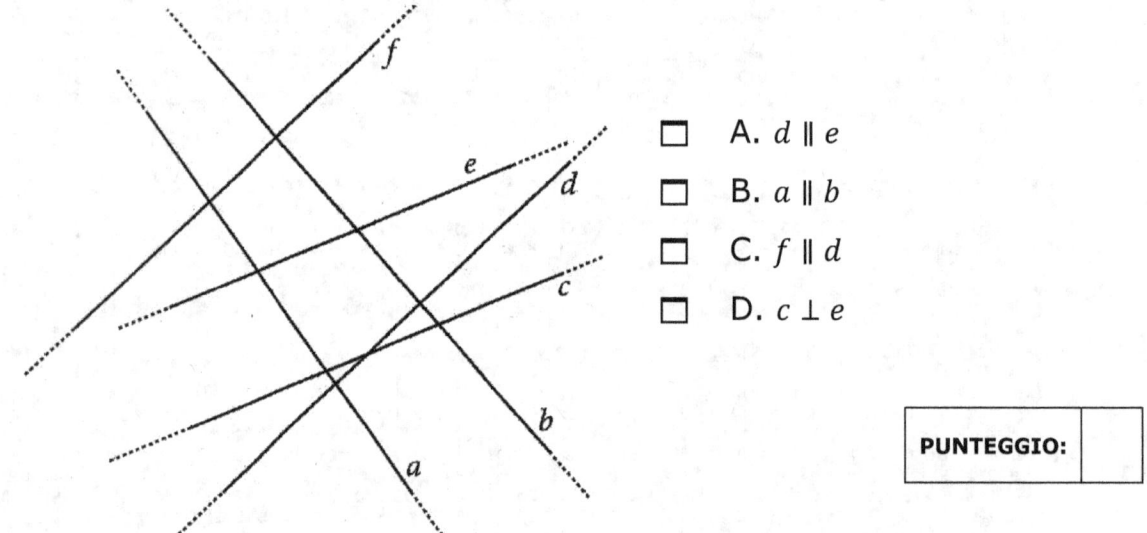

  ☐ A. $d \parallel e$
  ☐ B. $a \parallel b$
  ☐ C. $f \parallel d$
  ☐ D. $c \perp e$

PUNTEGGIO:

PROVA A

HAI TERMINATO LA PROVA!

SE HAI ANCORA DEL TEMPO, RILEGGI E RIGUARDA I QUESITI...

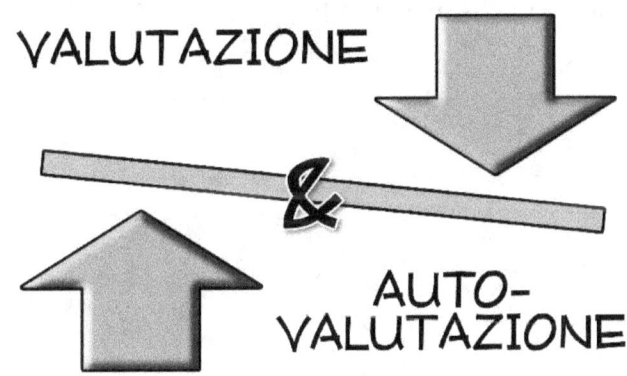

AUTOVALUTAZIONE

Da compilare prima della correzione e della valutazione!

Gli esercizi della prova erano:

☐ semplici; ☐ della giusta difficoltà; ☐ impegnativi; ☐ difficili.

Ho trovato maggiori difficoltà (anche più risposte):

☐ nella comprensione del testo;
☐ nell'esecuzione dei calcoli;
☐ nel sapere che formule/regole usare;
☐ nel tempo a disposizione.

PROVA A

Credo di aver fatto meglio gli esercizi (anche più risposte):

☐ di calcolo numerico;
☐ di geometria;
☐ di logica e intuizione;
☐ relativi a grafici, tabelle ed equivalenze.

Ho trovato particolarmente belli e/o originali e/o divertenti gli esercizi:

_____

_____

* * *

VALUTAZIONE 1:

PROVA A

VALUTAZIONE 2:

PUNTI BLOCCO A	PUNTI BLOCCO B

SOMMA QUANTO OTTENUTO IN OGNI BLOCCO

VALUTAZIONE IN CENTESIMI

BLOCCO A	CONVERSIONE
0	0
Da 1 a 4	20
Da 5 a 8	30
Da 9 a 12	40
Da 13 a 15	50
16 o 17	60

BLOCCO B	CONVERSIONE
0	0
Da 1 a 3	5
Da 4 a 5	10
Da 6 a 7	20
Da 8 a 9	30
10 o 11	40

VALUTAZIONE 3: COMPETENZE

NUCLEO TEMATICO	QUESITI AFFERENTI	PUNTI TOTALIZZATI	LIVELLO RAGGIUNTO
NUMERI	A2, A3, A5, A12, A13.	/6	
SPAZIO & FIGURE	A8, A10, A14, A17, A19.	/6	
RELAZIONI & FUNZIONI	A1, A4, A6, A9, A15, A16.	/9	
MISURE, DATI & PREVISIONI	A7, A11, A18.	/7	

<u>Livelli</u>: iniziale, base, intermedio, avanzato.

PROVA B

TEMPO A DISPOSIZIONE: 60 MINUTI   ITEMS: 28

B1) Lucia sta moltiplicando tra loro due numeri decimali. Due macchie hanno coperto la parte decimale di ciascuno dei due numeri.

$$2,\text{✹} \cdot 42,\text{✹}$$

Lucia sa che il risultato, senza aver ancora inserito la virgola al posto giusto, è 9752. Quale è il corretto risultato?

☐ A. 9,752

☐ B. 97,52

☐ C. 975,2

☐ D. 0,9752

PUNTEGGIO:

B2) Scrivi al posto dei puntini il numero giusto che prosegue la successione:

3;   6;   12;   24;   48;   ……

PUNTEGGIO:

* Può essere svolta nel 1° Quadrimestre.

PROVA B

B3) Un cesto contiene 3 pere e 2 mele: il costo complessivo della frutta è di 6 euro. Un secondo cesto contiene 1 pera e 2 mele: il costo complessivo è di 4 euro.

A) Quanto è il costo di 1 pera?

☐ A. 2 euro.

☐ B. 1 euro.

☐ C. 1,50 euro.

☐ D. 0,50 euro.

B) Spiega il procedimento che hai adottato:

_____

_____

_____

PUNTEGGIO:

PROVA B

B4) Sul tavolo sono sistemati alcuni libri: 12 nella prima pila, 8 nella seconda e 4 nella terza.

Vuoi sistemare i libri in modo che le tre pile siano alte uguali.

A) Quanti libri ci saranno in ciascuna pila?

_____

B) Scrivi l'espressione numerica che ti consente di arrivare al risultato corretto.

_____

PUNTEGGIO:

B5) In quale di queste rappresentazioni il segmento AB non rappresenta la distanza del punto A dalla retta r?

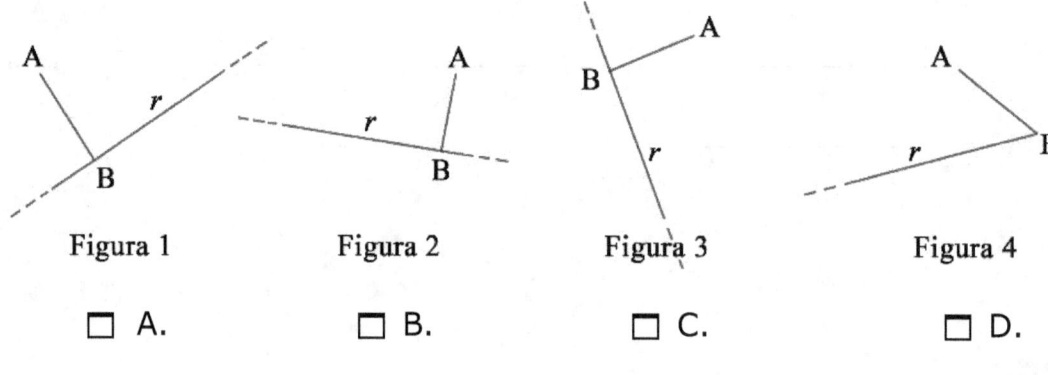

Figura 1   Figura 2   Figura 3   Figura 4

☐ A.   ☐ B.   ☐ C.   ☐ D.

PUNTEGGIO:

PROVA B

B6) Mille pazienti di un oculista sono stati classificati in base al colore degli occhi. La stagista dello studio ha raccolto i dati nella tabella e ha realizzato il grafico. Completa tu le etichette del grafico sotto ogni barra:

Modalità	N. persone
Occhi azzurri	345
Occhi neri	187
Occhi castani	360
Occhi verdi	108
	1000

PUNTEGGIO:

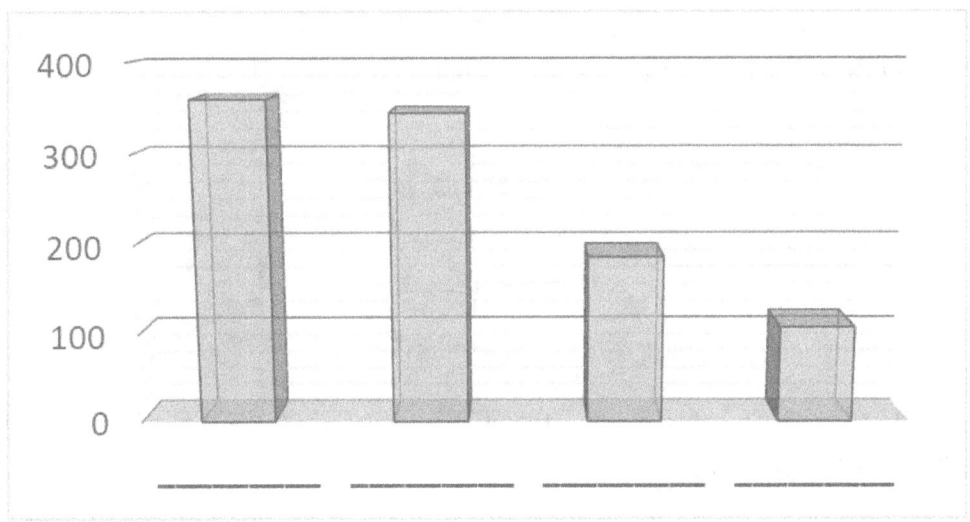

B7) Teresa è più alta di Zoe. Bruna è più bassa di Zoe. Carola è più bassa di Teresa ma più alta di Zoe. Chi è la ragazza più bassa?

☐ Teresa.

☐ Bruna.

☐ Zoe.

☐ Carola.

PUNTEGGIO:

B8) Il nonno di Sebastian deve prendere una pillola per il cuore ogni 9 ore, le gocce per il bruciore di stomaco ogni 6 ore e il collirio per gli occhi ogni 3 ore. Oggi Sebastian è a casa del nonno, sono le 16 del pomeriggio e osserva che il nonno sta prendendo le tre medicine assieme. A che ora riprenderà nuovamente tutte e tre le medicine contemporaneamente?

☐ A. Il giorno dopo alle 12.

☐ B. A mezzanotte.

☐ C. Il giorno dopo alle 10.

☐ D. Il giorno dopo a mezzogiorno.

PUNTEGGIO:

B9) Disegniamo quattro rette in modo che siano tra loro o parallele o perpendicolari. Le rette potranno avere così 0 o 3 o 4 punti di incidenza.

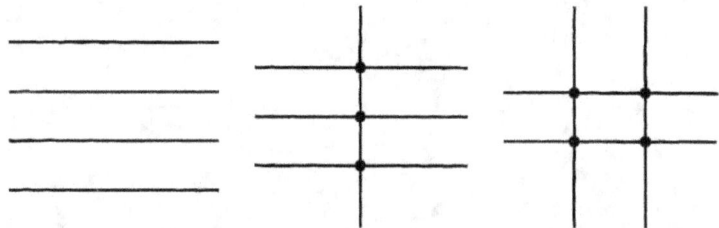

A) Quanti possono essere, al massimo, i punti di incidenza quando le rette sono 5?

_____

B) Completa la tabella con i possibili casi quando le rette sono in tutto 6:

N. rette	P.ti di intersezione
4	0; 3; 4
6	

PUNTEGGIO:

PROVA B

B10) Aurora trova, in una vecchia borsa della nonna, 24 vecchie banconote da 10000 lire e 7 da 5000. Decide allora di portarle alla Banca d'Italia per avere in cambio il valore corrispondente in euro.

A) Sapendo che 1 euro corrisponde a 1936,27 lire, quanti euro riceve all'incirca Aurora?

- ☐ A. 275.
- ☐ B. 142.
- ☐ C. 71.
- ☐ D. 100.

B) Scrivi l'espressione che porta al risultato:

_____

PUNTEGGIO:

B11) Filippo è appena arrivato dalla scuola elementare, entra in una classe delle medie e vede scritto alla lavagna:

$$8 \leq n < 15$$

Stefano, che è suo amico, gli spiega: *"Vuol dire che n è maggiore o uguale a 8 ma che è anche minore di 15"*. Se Filippo ha compreso, quale di questi insiemi deve considerare se vuole tutti i numeri che vanno bene per ciò che c'è scritto alla lavagna?

- ☐ A. $A = \{8; 9; 10; 11; 12; 13; 14; 15\}$
- ☐ B. $B = \{8; 9; 10; 11; 12; 13; 14\}$
- ☐ C. $C = \{9; 10; 11; 12; 13; 14\}$
- ☐ D. $D = \{9; 10; 11; 12; 13; 14; 15\}$

PUNTEGGIO:

PROVA B

B12) Osserva il triangolo in figura. Individua l'affermazione falsa.

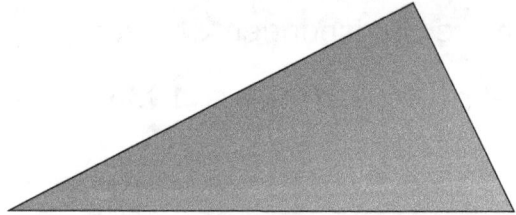

☐ A. Il triangolo ha due angoli acuti.
☐ B. Il triangolo ha un angolo ottuso.
☐ C. Il triangolo ha tre lati diversi.
☐ D. Il triangolo è rettangolo.

PUNTEGGIO:

B13) A quale scrittura corrispondono centocinquanta centesimi?

☐ A. 0,150
☐ B. 0,0150
☐ C. 1,50
☐ D. 0,00150

PUNTEGGIO:

B14) La famiglia si ritrova tutta insieme a festeggiare il sesto compleanno di Emma! Parlando, si scopre che la mamma ha il quintuplo dell'età di Emma, il papà 6 anni in più della mamma, il nonno il doppio dell'età del papà e la nonna 4 anni in meno del nonno.

A) Quanti anni ha la nonna di Emma?

☐ A. 60.
☐ B. 62.
☐ C. 66.
☐ D. 68.

PROVA B

B) Fra 5 anni l'età della mamma sarà ancora il quintuplo dell'età di Emma?

☐ Sì.   ☐ No.

C) Giustifica la risposta al quesito B:

_____

_____

PUNTEGGIO:

B15) Nella seguente tabella è riportata la temperatura in gradi centigradi registrata in tre giorni della settimana, in ore diverse.

Giorno	Ore 6	Ore 9	Ore 12	Ore 15	Ore 18
Lunedì	15 °C	17 °C	20 °C	21 °C	19 °C
Martedì	15 °C	15 °C	15 °C	10 °C	9 °C
Mercoledì	8° C	10 °C	14 °C	14 °C	13 °C

A) Per ottenere queste misure era necessario avere:

☐ A. Un righello e un termometro.

☐ B. Un barometro e un orologio.

☐ C. Un righello e un orologio.

☐ D. Un termometro e un orologio.

B) Quando è stata registrata la temperatura più alta?

☐ A. Lunedì alle ore 12.

☐ B. Lunedì alle ore 15.

☐ C. Martedì alle ore 15.

☐ D. Mercoledì alle ore 12.

PROVA B

C) Quale degli strumenti rappresentati in figura dà la temperatura alle sei del mattino di mercoledì?

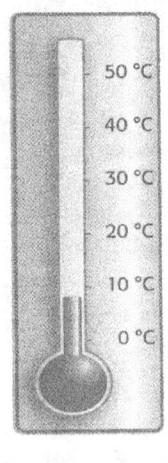 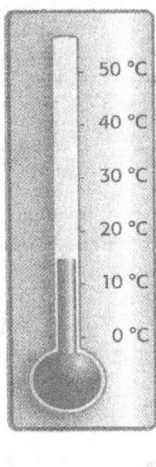 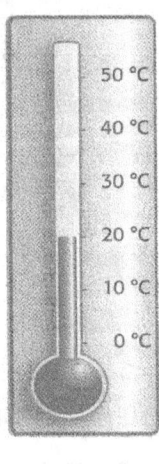 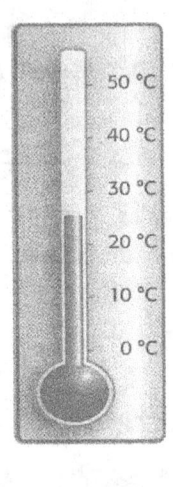

☐ A. ☐ B. ☐ C. ☐ D.

PUNTEGGIO:

B16) Quali numeri vanno inseriti nella seguente successione di operazioni?

 x 2  x 4  :8 7

☐ A. 7; 14; 28.
☐ B. 28; 14; 7.
☐ C. 7; 14; 56.
☐ D. 9; 11; 15.

PUNTEGGIO:

PROVA B

B17) Anna guarda la tavola di tecnologia di Gaia: ha eseguito la costruzione della bisettrice dell'angolo AOC.

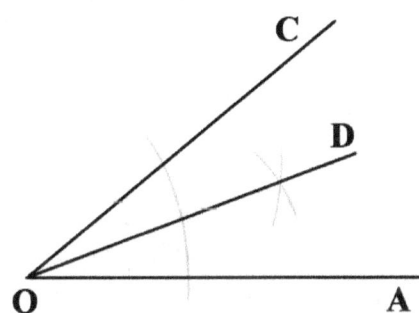

Anna pensa allora a come scrivere questa cosa dal punto di vista matematico. Qual è tra queste la sola scrittura corretta?

- A. $A\hat{O}C = A\hat{O}D - C\hat{O}A$
- B. $C\hat{O}D = 2\, D\hat{O}A$
- C. $D\hat{O}A = 2\, C\hat{O}D$
- D. $A\hat{O}C = D\hat{O}C + D\hat{O}A$

PUNTEGGIO:

B18) Rodolfo è un ragazzo che osserva molto. Entrando, col permesso del capotreno, nella sala del macchinista sulla locomotiva ha notato che il tachimetro era un po' diverso da quelli che si trovano normalmente nelle automobili, con una lettura della velocità non immediata... e l'ha fotografato. A quale velocità andava in quel momento il treno?

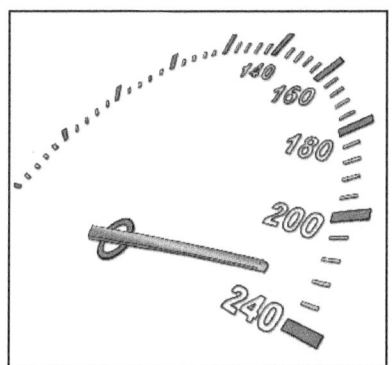

_____ km/h.

PUNTEGGIO:

43

B19) Il grafico mostra i prezzi praticati da una fornaio di Genova per 2 etti di focaccia in un periodo di 6 anni.

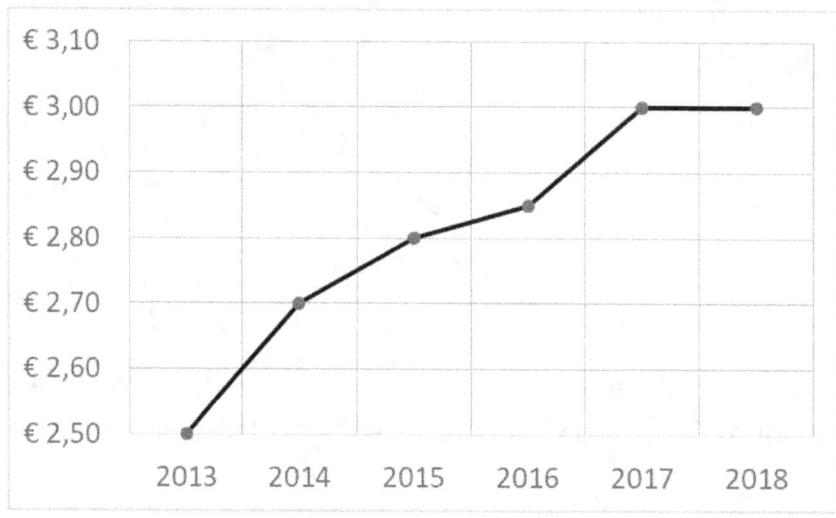

A) Qual è il prezzo raggiunto dalla focaccia nel 2018?

_____ euro.

PUNTEGGIO:

B) Indica se ciascuna affermazione in tabella è vera o falsa.

Affermazione	V	F
Il grafico mostra che l'aumento di prezzo annuale più consistente si è verificato dal 2013 al 2014.		
Il grafico mostra che dal 2017 al 2018 il prezzo della focaccia non ha subito aumenti.		
Dal 2014 al 2017 l'aumento di prezzo per la focaccia è stato di 50 centesimi di euro.		

PROVA B

HAI TERMINATO LA PROVA!

SE HAI ANCORA DEL TEMPO, RILEGGI E RIGUARDA I QUESITI...

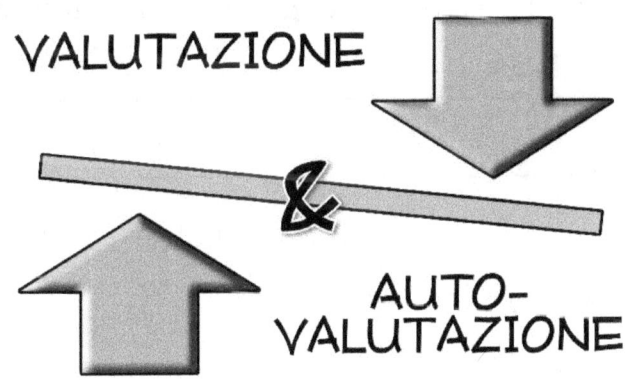

AUTOVALUTAZIONE

Da compilare <u>prima</u> della correzione e della valutazione!

Gli esercizi della prova erano:

☐ semplici; ☐ della giusta difficoltà; ☐ impegnativi; ☐ difficili.

Ho trovato maggiori difficoltà (anche più risposte):

☐ nella comprensione del testo;
☐ nell'esecuzione dei calcoli;
☐ nel sapere che formule/regole usare;
☐ nel tempo a disposizione.

PROVA B

Credo di aver fatto meglio gli esercizi (anche più risposte):

- ☐ di calcolo numerico;
- ☐ di geometria;
- ☐ di logica e intuizione;
- ☐ relativi a grafici, tabelle ed equivalenze.

Ho trovato particolarmente belli e/o originali e/o divertenti gli esercizi:

_____

_____

* * *

VALUTAZIONE 1:

PROVA B

VALUTAZIONE 2:

PUNTI BLOCCO A	PUNTI BLOCCO B

SOMMA QUANTO OTTENUTO IN OGNI BLOCCO

VALUTAZIONE IN CENTESIMI

BLOCCO A	CONVERSIONE
0	0
Da 1 a 4	20
Da 5 a 8	30
Da 9 a 12	40
Da 13 a 15	50
16 o 17	60

BLOCCO B	CONVERSIONE
0	0
Da 1 a 3	5
Da 4 a 5	10
Da 6 a 7	20
Da 8 a 9	30
10 o 11	40

VALUTAZIONE 3: COMPETENZE

NUCLEO TEMATICO	QUESITI AFFERENTI	PUNTI TOTALIZZATI	LIVELLO RAGGIUNTO
NUMERI	B1, B10, B11, B13, B16.	/6	
SPAZIO & FIGURE	B5, B9A, B12, B17, B18.	/5	
RELAZIONI & FUNZIONI	B2, B3, B7, B8, B9B, B14.	/9	
MISURE, DATI & PREVISIONI	B4, B6, B15, B19.	/8	

<u>Livelli</u>: iniziale, base, intermedio, avanzato.

PROVA C

TEMPO A DISPOSIZIONE: 60 MINUTI   ITEMS: 28

C1) L'istituto meteorologico ha misurato i millimetri di pioggia caduti nei primi 10 giorni del mese di Febbraio. I risultati sono stati i seguenti:

1°g	2°g	3°g	4°g	5°g	6°g	7°g	8°g	9°g	10°g
0	0	1	7	11	5	2	0	0	2

Qual è stata la media (aritmetica) delle precipitazioni?

☐ A. 2,8 mm.

☐ B. 2 mm.

☐ C. 4,6 mm.

☐ D. 11 mm.

PUNTEGGIO:

C2) In una prima media i ragazzi sono stati invitati a scegliere di imparare a suonare uno strumento musicale. In 5 hanno scelto solo la chitarra, in 4 solo la batteria, in 3 sia la chitarra, sia la batteria, 2 studenti hanno scelto solo il flauto, 5 solo la tromba e infine 2 sia il flauto che la tromba. Se gli alunni sono in tutto 25, in quanti non hanno scelto di suonare alcuno strumento?

☐ A. 2 alunni.

☐ B. 4 alunni.

☐ C. 6 alunni.

☐ D. 8 alunni.

PUNTEGGIO:

⊗ Si consiglia di svolgerla nel 2° Quadrimestre.

PROVA C

C3) Quale è il minore tra questi numeri?

      20002   20200   22000   20020

☐ A. 20002

☐ B. 20200

☐ C. 22000

☐ D. 20020

PUNTEGGIO:

C4) Osserva le figure e stabilisci in quale tutti i segmenti tratteggiati tracciati rappresentano le diagonali.

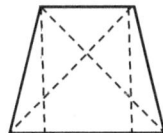 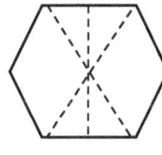 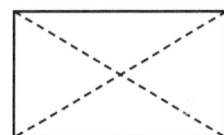 

☐ A.   ☐ B.   ☐ C.   ☐ D.

PUNTEGGIO:

C5) Stabilisci quale dei seguenti problemi può essere risolto con l'espressione

$$4 \cdot 3 - 5 \cdot 2$$

☐ A. La mamma acquista 3 pacchetti di caramelle per i suoi 4 figli, ma incontra i figli dei vicini di casa e regala loro 2 pacchetti da 5 caramelle. Con quante caramelle tornerà a casa?

☐ B. Alessandro regala 4 figurine a ciascuno dei suoi 3 amici; ciascuno di loro regala invece 10 figurine ad Alessandro. Quante figurine restano ad Alessandro?

☐ C. Tre amici acquistano 4 quaderni ciascuno. Tra i quaderni 5 paia sono a righe. Quanti saranno quelli a quadretti?

☐ D. La nonna Bruna regala 3 euro a ciascuno dei suoi 4 nipoti, poi ne spende 10 al supermercato. Quanti euro le rimangono?

PUNTEGGIO:

C6) Nell'ideogramma sono riportati gli allenamenti eseguiti da una serie di ragazzi che fanno canottaggio.

Claudio	🖐🖐🖐🖐
Enrico	🖐🖐
Fabio	🖐🖐🖐
Lucilla	🖐🖐🖐🖐
Marco	🖐🖐
Sara	🖐🖐

 = 2 allenamenti

A) Quanti allenamenti ha effettuato Lucilla?

☐ A. 2

☐ B. 3

☐ C. 7

☐ D. 8

B) Quale è il valore che rappresenta la moda di allenamenti per questi ragazzi?

☐ A. 2

☐ B. 4

☐ C. 5

☐ D. 8

PUNTEGGIO:

PROVA C

C7) Corinna ama viaggiare molto e prende spesso l'aereo. Ha notato che le distanze tra le città servite dalle compagnie aeree sono quasi sempre espresse in miglia. Sull'ultima brochure che ha ricevuto ha trovato scritto che 1 miglio equivale a 1,852 km. Quale è la distanza in chilometri che effettuerà con il suo prossimo viaggio in Venezuela?

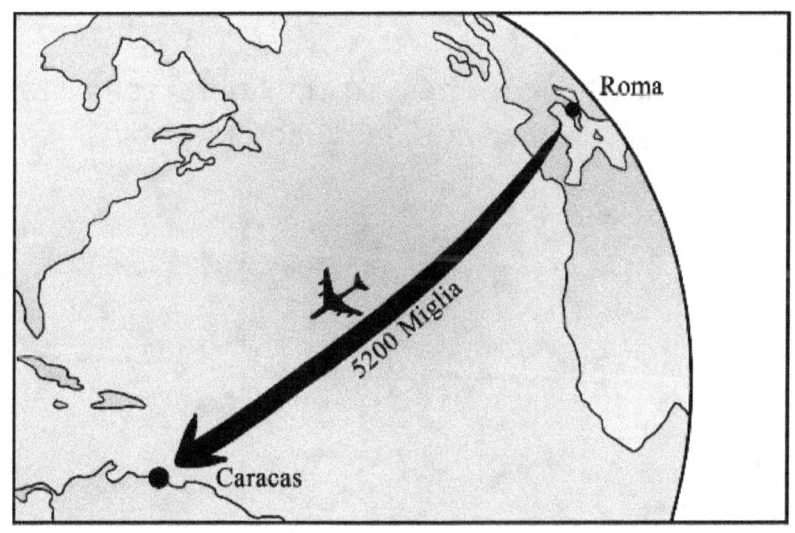

☐ A. 9630,4 km.

☐ B. 96304 km.

☐ C. 963,04 km.

☐ D. 963040 km.

| PUNTEGGIO: | |

C8) Stabilisci quali delle seguenti uguaglianze è falsa.

☐ A. $2^5 \cdot 2^3 \cdot 2 = 2^9$

☐ B. $3^4 : 3^2 : 3^2 = 1$

☐ C. $10^4 \cdot 10^2 = 10^6$

☐ D. $2^2 + 2^3 = 2^5$

| PUNTEGGIO: | |

PROVA C

C9) Nella seguente espressione sono state cancellate le parentesi. Inserisci esattamente una coppia di parentesi in modo che il risultato sia 27.

$$33 - 4^2 \cdot 2 - 1 + 10 = 27$$

PUNTEGGIO:

C10) Nel quadrato di lato 8 cm che vedi in figura sono state disegnate le mediane. Tracciando le mediane del quadrato grigio si sono ottenuti altri quadrati:

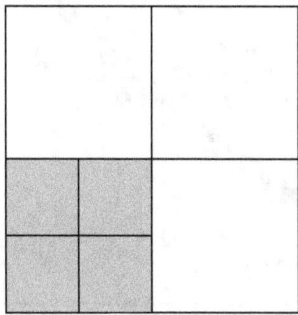

Quanto misurano i lati dei quadrati più piccoli?

☐ A. 1 cm.

☐ B. 2 cm.

☐ C. 3 cm.

☐ D. 4 cm.

PUNTEGGIO:

PROVA C

C11) Osserva la seguente figura formata dalle rette p e q parallele tra loro. Quanto deve essere ampio l'angolo BĈD affinché le rette r ed s siano parallele?

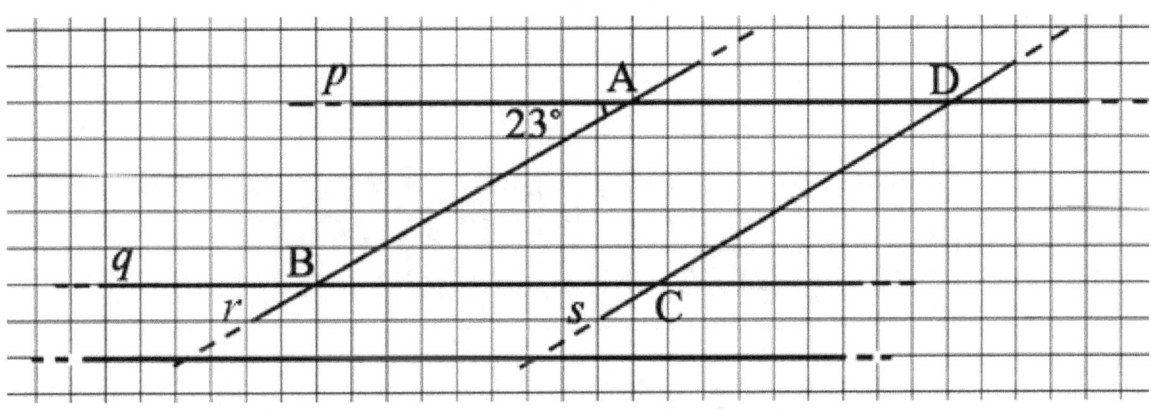

- ☐ A. 23°
- ☐ B. 157°
- ☐ C. 180°
- ☐ D. 68°

PUNTEGGIO:

C12) Osserva la seguente operazione:

$$(42 : 3) \cdot n$$

Se si sostituisce n con un numero naturale diverso da zero, cosa si può dire sul risultato?

- ☐ A. Sarà sempre un numero pari.
- ☐ B. Sarà sempre un numero dispari.
- ☐ C. Sarà sempre un multiplo di 42.
- ☐ D. Sarà sempre un divisore di 14.

PUNTEGGIO:

PROVA C

C13) Federico sta costruendo una struttura con dei cubetti fissati al pavimento e incollati tra loro, come in figura:

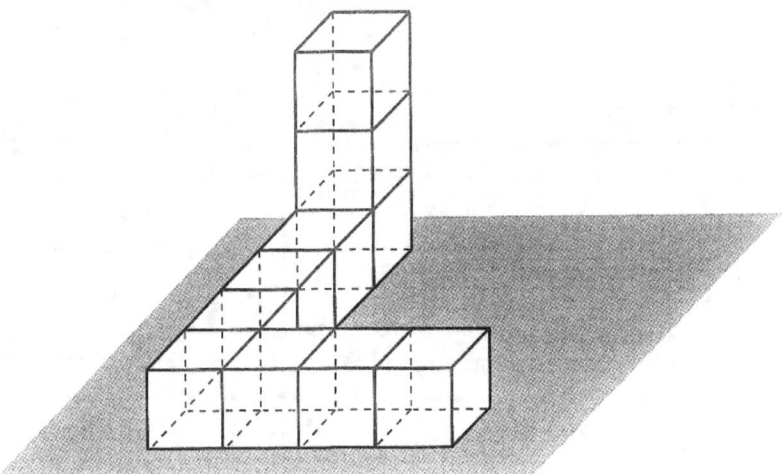

Se Federico vuole colorare i cubetti, quante facce potrà colorare complessivamente?

☐ A. 42

☐ B. 36

☐ C. 30

☐ D. 34

PUNTEGGIO:

C14) Un foglio di carta, con i lati di 90 cm e 150 cm, deve essere *completamente* suddiviso in quadrati tra loro congruenti, aventi il lato più lungo possibile.

A) Quanto misura il lato di ciascun quadrato?

_____ cm.

B) Quanti quadrati si possono ottenere?

_____ quadrati.

PUNTEGGIO:

PROVA C

C15) Se ti trovi a Milano e devi prendere la metropolitana per andare dalla stazione Centrale a Piazza Wagner.

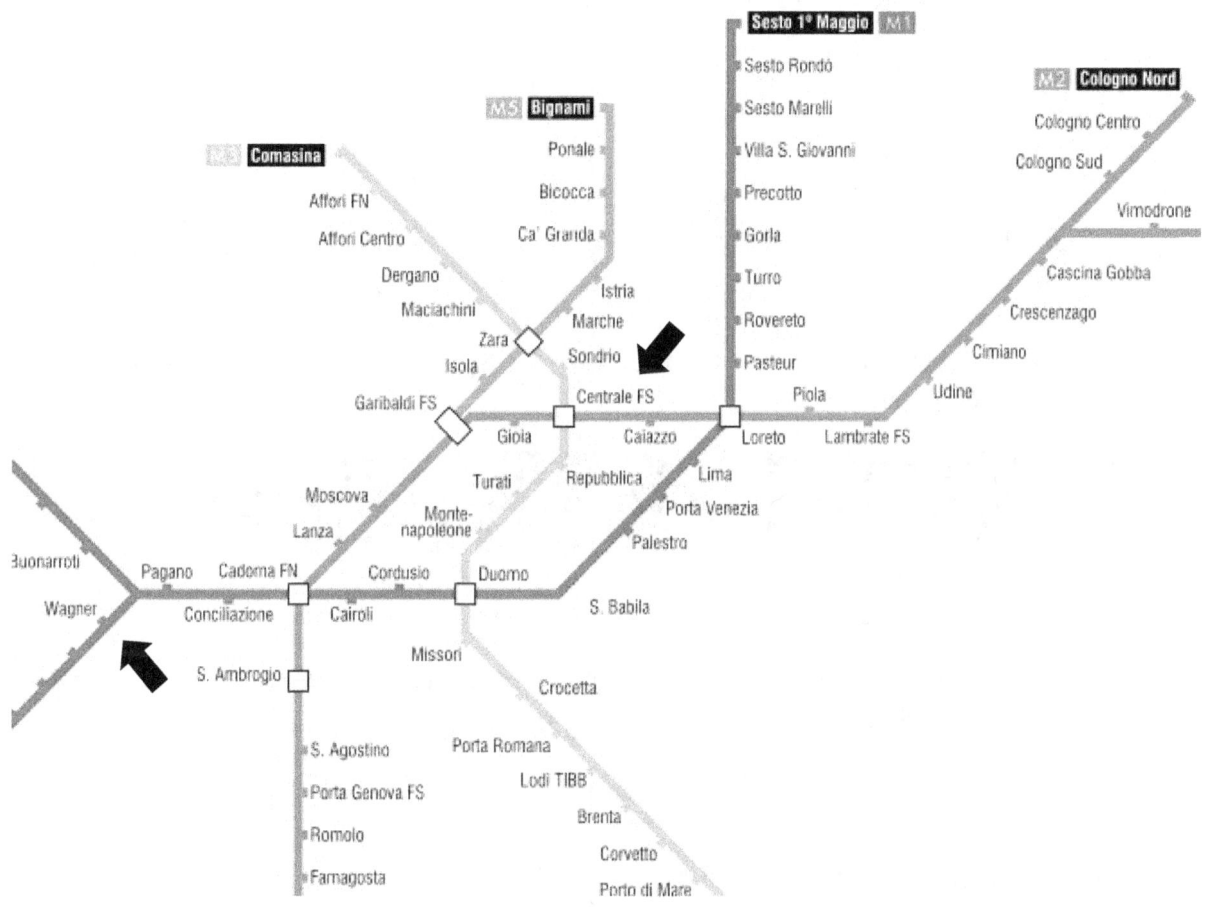

Se vuoi scegliere la soluzione con il minor numero di fermate, quale linee devi prendere?

☐ A. Linea M2 e poi linea M1.

☐ B. Linea M3 e poi linea M1.

☐ C. Linea M3 e poi linea M5.

☐ D. Le prime due soluzioni vanno bene entrambe.

PUNTEGGIO:

PROVA C

C16) Nella borraccia di Elisa, piena per metà, ci sono 0,6 l di thè caldo. Se Elisa offre alle sue amiche la metà del thè contenuto nella borraccia, quanto gliene rimane per sé?

- ☐ A. 0,03 litri.
- ☐ B. 0,3 litri.
- ☐ C. ½ litro.
- ☐ D. 1,2 litri.

PUNTEGGIO:

C17) Cristina si è ammalata. Il medico di famiglia ha prescritto un antibiotico con questo dosaggio:

Dose in relazione al peso corporeo	Tempo tra una dose e l'altra
6 ml ogni 10 kg	12 ore

A) Se Cristina pesa circa 40 Kg e prende la prima dose alle 8 del mattino, quanto medicinale prende in un giorno?

_____ ml.

B) Se la mamma di Cristina ha perso il dosatore del medicinale, con quale di questi oggetti può rimpiazzarlo senza commettere troppi errori?

- ☐ A. Un cucchiaino da cucina.
- ☐ B. Un mestolo per la pasta.
- ☐ C. Un bicchiere di plastica.
- ☐ D. Una bottiglietta dell'acqua minerale.

PUNTEGGIO:

PROVA C

C18) Un quadrato e un rettangolo sono sovrapposti:

La parte del quadrato nascosta dal rettangolo ha la forma:

☐ A. di un rettangolo.

☐ B. di un trapezio rettangolo.

☐ C. di un triangolo isoscele.

☐ D. di un triangolo rettangolo.

PUNTEGGIO:

PROVA C

C19) La seguente tabella riporta il numero stimato di individui di alcune specie animali a rischio di estinzione (dati desunti dal sito del WWF sezione "specie animali a rischio di estinzione nel mondo", anno 2006).

Nome	Numero esemplari
Balenottera comune	900
Elefante africano	300.000 - 500.000
Elefante indiano	38.000 - 49.000
Foca monaca	1.400
Leopardo delle nevi	7.000
Panda	600
Rinoceronte	12.000
Tigre	6.000

Secondo i dati riportati in tabella, quale affermazione è vera?

☐ A. Le tigri sono numericamente superiori ai rinoceronti.

☐ B. Gli elefanti indiani sono più numerosi di quelli africani.

☐ C. Il numero di esemplari di balenottere è maggiore di 1000.

☐ D. I panda sono gli animali presenti in minor numero.

PUNTEGGIO:

C20) Completa l'operazione con il numero giusto in modo che il risultato sia corretto

$$5 : \_\_\_\_\_ = 10.$$

PUNTEGGIO:

PROVA C

C21) Quale frazione esprime il corretto livello di liquido presente nel contenitore graduato?

- [ ] A. $\frac{1}{2}$
- [ ] B. $\frac{1}{4}$
- [ ] C. $\frac{3}{10}$
- [ ] D. $\frac{3}{5}$

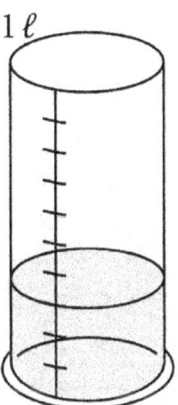

PUNTEGGIO:

C22) Lucrezia e Filippo si sfidano a suon di quiz, problemi e indovinelli. L'ultimo di Lucrezia: "Trova un numero, sapendo che il suo doppio alla seconda dà come risultato trentasei". Quale risposta deve dare Filippo?

- [ ] A. 3
- [ ] B. 4
- [ ] C. 6
- [ ] D. 9

PUNTEGGIO:

PROVA C

C23) Tommaso è molto goloso di marmellate. Su due scaffali ha disposto la sua scorta di marmellate, come in figura:

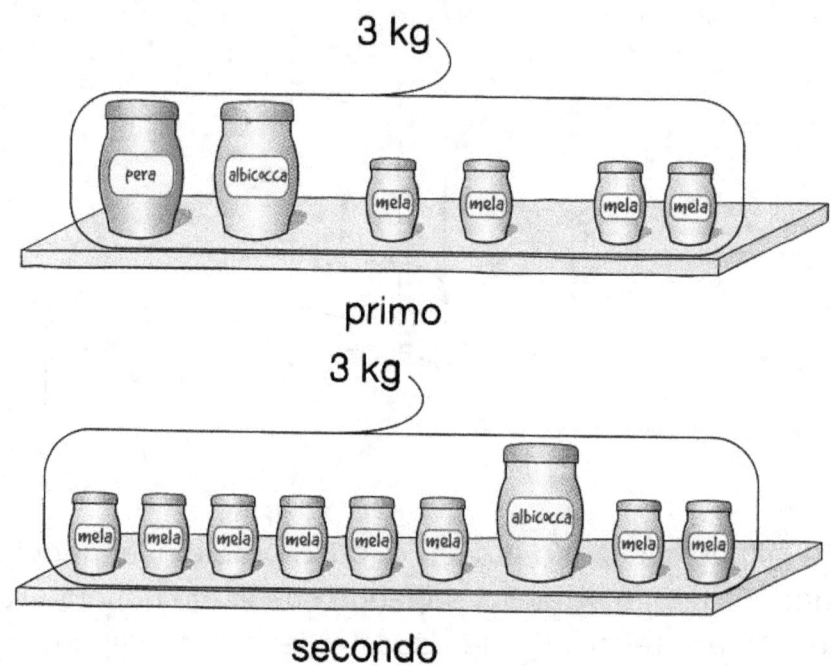

A) Sapendo che i barattoli grossi hanno tutti lo stesso peso, e che i barattoli piccoli hanno tutti lo stesso peso e che ciascuno dei due ripiani sostiene un peso complessivo di 3 kg, quanto pesa un barattolo piccolo di marmellata?

_____ kg.

B) Illustra il procedimento da te adottato per giungere alla soluzione:

_____

_____

_____

PUNTEGGIO:

PROVA C

C24) La massa di questi oggetti a forma di lettera è stata confrontata con una bilancia fatta da una gruccia. Sono state fatti diversi confronti:

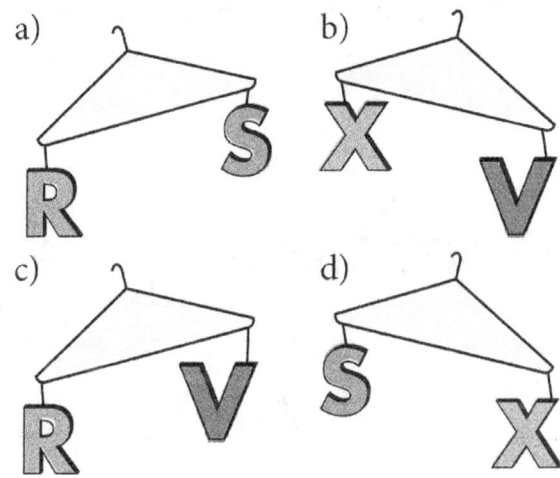

Qual è il corretto ordine di peso delle lettere, dalla più leggera alla più pesante?

☐ A. R, V, X, S.

☐ B. S, X, V, R.

☐ C. V, S, X, R.

☐ D. X, V, S, R.

PUNTEGGIO:

PROVA C

HAI TERMINATO LA PROVA!

SE HAI ANCORA DEL TEMPO, RILEGGI E RIGUARDA I QUESITI...

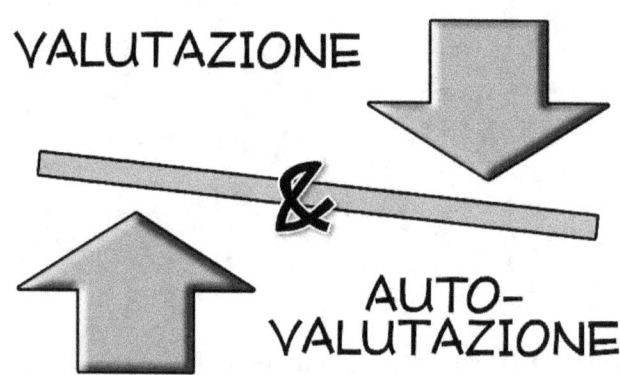

AUTOVALUTAZIONE

Da compilare prima della correzione e della valutazione!

Gli esercizi della prova erano:

☐ semplici; ☐ della giusta difficoltà; ☐ impegnativi; ☐ difficili.

Ho trovato maggiori difficoltà (anche più risposte):

☐ nella comprensione del testo;
☐ nell'esecuzione dei calcoli;
☐ nel sapere che formule/regole usare;
☐ nel tempo a disposizione.

PROVA C

Credo di aver fatto meglio gli esercizi (anche più risposte):

☐ di calcolo numerico;
☐ di geometria;
☐ di logica e intuizione;
☐ relativi a grafici, tabelle ed equivalenze.

Ho trovato particolarmente belli e/o originali e/o divertenti gli esercizi:

_____

_____

* * *

VALUTAZIONE 1:

PUNTI TOTALIZZATI = ☐ → PUNTI TOTALIZZATI * 10 : 28 → VOTO IN DECIMI ☐

PROVA C

VALUTAZIONE 2:

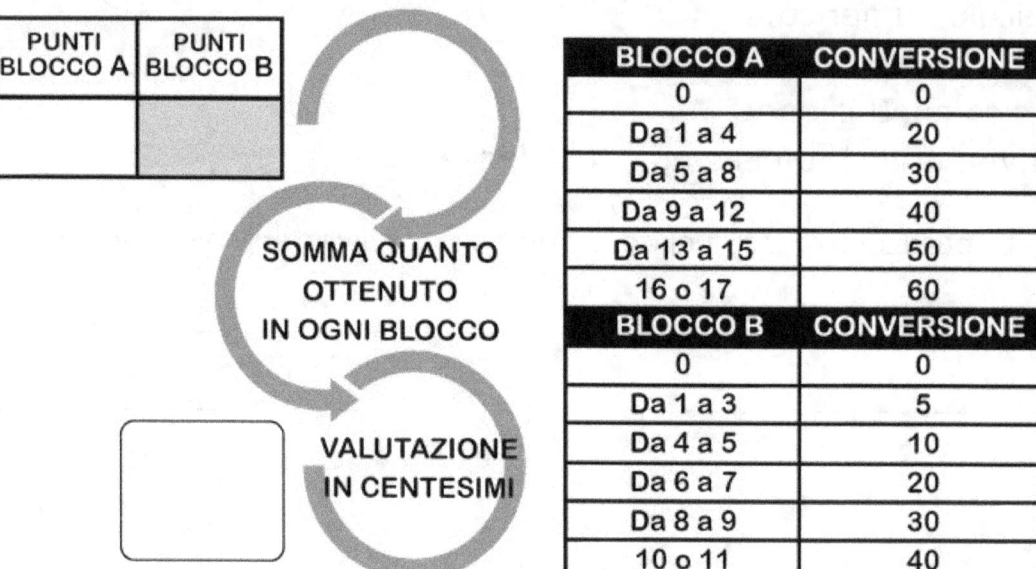

BLOCCO A	CONVERSIONE
0	0
Da 1 a 4	20
Da 5 a 8	30
Da 9 a 12	40
Da 13 a 15	50
16 o 17	60
BLOCCO B	**CONVERSIONE**
0	0
Da 1 a 3	5
Da 4 a 5	10
Da 6 a 7	20
Da 8 a 9	30
10 o 11	40

VALUTAZIONE 3: COMPETENZE

NUCLEO TEMATICO	QUESITI AFFERENTI	PUNTI TOTALIZZATI	LIVELLO RAGGIUNTO
NUMERI	C3, C8, C9, C12, C16, C20, C21, C22.	/8	
SPAZIO & FIGURE	C4, C10, C11, C13, C15, C18.	/6	
RELAZIONI & FUNZIONI	C2, C5, C14, C17, C23, C24.	/9	
MISURE, DATI & PREVISIONI	C1, C6, C7, C19.	/5	

Livelli: iniziale, base, intermedio, avanzato.

PROVA D

TEMPO A DISPOSIZIONE: 75 MINUTI   ITEMS: 36

D1) Paola è appena stata in panetteria e ha speso 3,35 euro. Per pagare ha utilizzato una moneta da 2 euro, una da 20 centesimi, una da 5 centesimi e tutte le altre da 10 centesimi.

Quante sono le monete da 10 centesimi usate da Paola?

- ☐ A. 1
- ☐ B. 5
- ☐ C. 10
- ☐ D. 11

| PUNTEGGIO: | |

D2) La tabella riporta il numero di alunni, maschi e femmine, che hanno frequentato un Istituto dal 2012 al 2018.

	2012	2013	2014	2015	2016	2017	2018
Maschi	250	255	258	251	255	255	254
Femmine	283	288	272	280	284	290	279

Stabilisci se ciascuna affermazione è vera o falsa:

⊗ Si consiglia di svolgerla nel 2° Quadrimestre.

PROVA D

Affermazione	V	F
Il numero delle alunne è sempre maggiore di quello degli alunni.		
L'anno con più iscritti è stato il 2013.		
Il numero di maschi è andato sempre crescendo negli anni.		
Nel primo e nell'ultimo anno dell'indagine il numero complessivo degli studenti è lo stesso.		

PUNTEGGIO:

D3) Osserva la retta numerica:

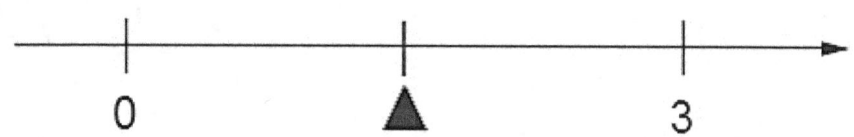

Quale dei seguenti numeri va scritto al posto indicato dal triangolo nero?

- A. 2
- B. ½
- C. 2,5
- D. 1,5

PUNTEGGIO:

PROVA D

D4) Sul piano cartesiano sono stati disegnati due lati di un quadrato.

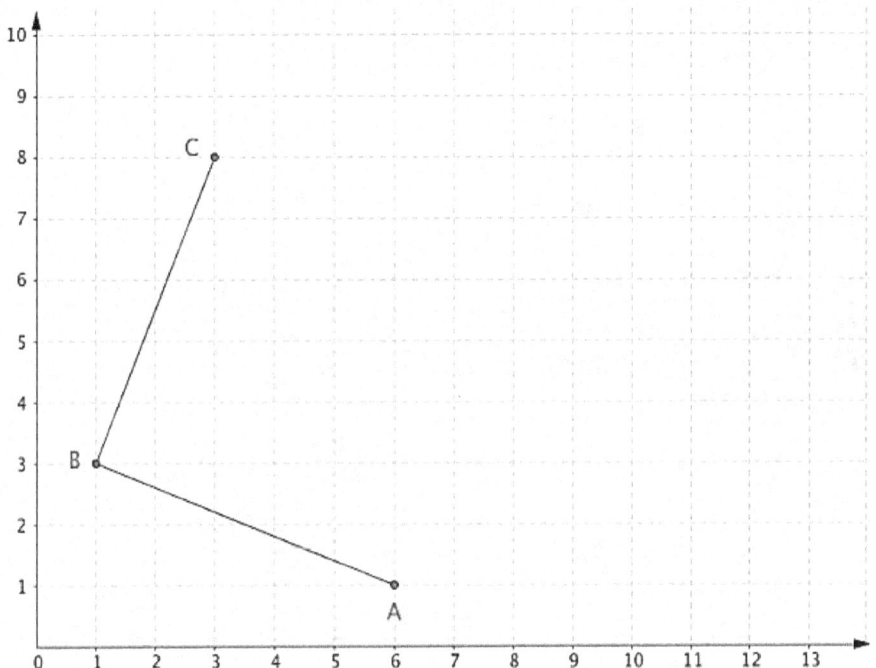

A) Quale dei tre punti segnati ha coordinate (3; 8)?

Punto _____ .

B) Per completare il quadrato è necessario tracciare un quarto punto.

Quali devono essere le sue coordinate?

☐ A. (6; 8)

☐ B. (8; 6)

☐ C. (8; 7)

☐ D. (9; 6)

D5) Quale numero va inserito nell'operazione?

$$0,1 \cdot \underline{} = 5$$

PROVA D

D6) Di tre numeri sai che:

- la loro somma è 90;
- la somma del primo e del secondo è 60;
- la somma del secondo e del terzo è 50.

A) Quali sono i tre numeri?

_____ ; _____ ; _____ .

B) Spiega quale procedimento hai adottato per giungere alla soluzione:

_____

_____

_____

PUNTEGGIO:

D7) Nel grafico sono riportati i risultati relativi al numero di televisori presenti nelle abitazioni di un piccolo borgo. Sono state prese in considerazioni solo le famiglie con bambini.

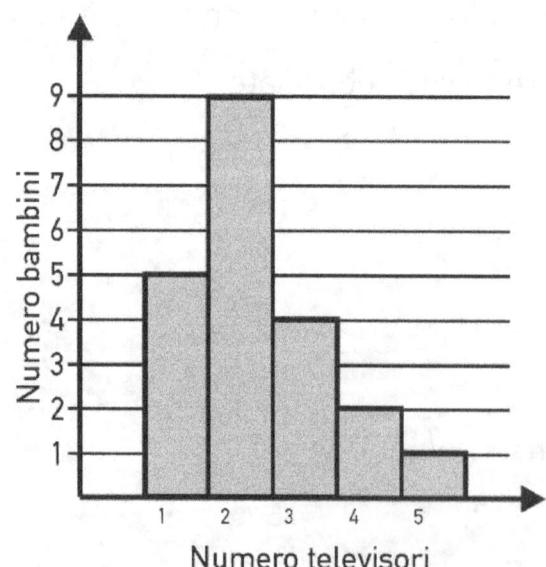

PROVA D

Stabilisci quale è la sola affermazione vera, in base ai dati del grafico:

- ☐ A. Nessuna abitazione con bambini ha più di tre televisori in casa.
- ☐ B. Il gruppo di abitazioni con bambini più numeroso è quello con 2 televisori.
- ☐ C. Ci sono 5 abitazioni con bambini che non hanno televisore in casa.
- ☐ D. La moda dell'indagine è 1 televisore.

PUNTEGGIO:

D8) Un muratore, con il suo furgone, deve trasportare 3500 kg di cemento, in sacchi da 25 kg ciascuno. A ogni viaggio può trasportare al massimo 1000 kg di cemento.

A) Quanti viaggi deve fare?

- ☐ A. 3,5
- ☐ B. 3
- ☐ C. 4
- ☐ D. 140

B) C'è un dato superfluo ai fini della risoluzione?

- ☐ Sì, questo: _____
- ☐ No.

PUNTEGGIO:

D9) Giorgio deve recintare il terreno della sua casa di campagna. In figura vedi la pianta: il lato di un quadretto corrisponde a 5 metri.

PROVA D

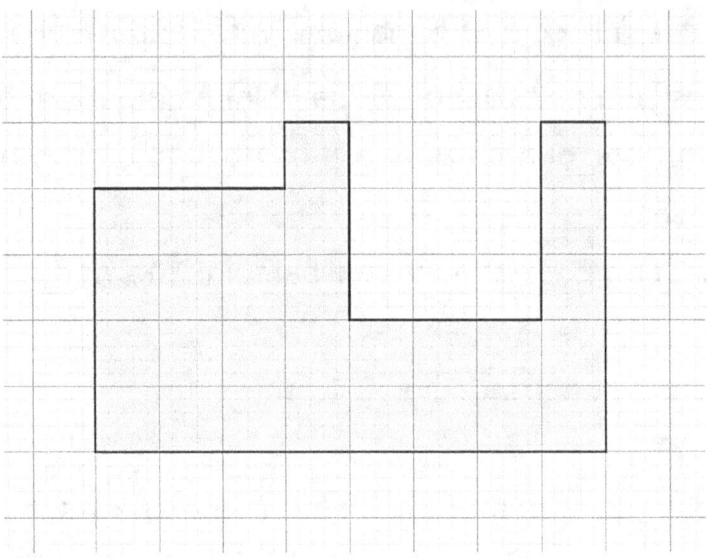

Di quanti metri di recinzione ha bisogno Giorgio?

☐ A. 30 m.

☐ B. 32 m.

☐ C. 150 m.

☐ D. 160 m.

PUNTEGGIO:

D10) Quale numero devi sostituire alla lettera a per rendere vera l'uguaglianza $a^6 = 64$?

$$a = \underline{}.$$

PUNTEGGIO:

D11) Quale delle seguenti definizioni *non* si riferisce ad un parallelogramma?

☐ A. Ha due diagonali.

☐ B. Gli angoli adiacenti a ciascun lato sono supplementari.

☐ C. Ha due e solo due lati paralleli.

☐ D. Ha gli angoli opposti congruenti.

PUNTEGGIO:

D12) È stata condotta una indagine statistica sul mezzo di trasporto utilizzato dagli studenti di una scuola per giungere tutte le mattine l'Istituto frequentato. I risultati sono stati riportati nel seguente areogramma:

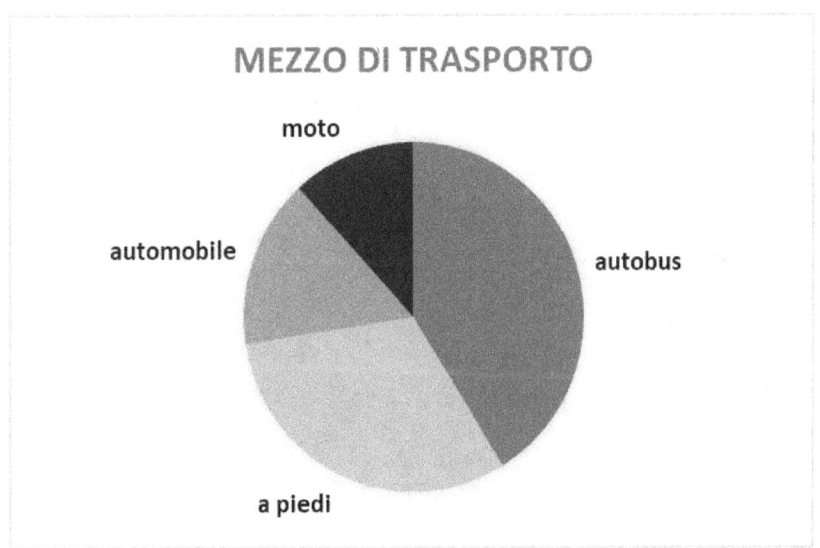

Stabilisci quali delle affermazioni nella tabella che segue sono vere e quali false:

Affermazione	V	F
Gli studenti che utilizzano l'automobile sono di più di quelli che vanno a piedi.		
La metà degli studenti si reca a scuola in autobus.		
Più di un quarto degli studenti va a scuola a piedi.		
Gli studenti che vanno in moto sono la metà di quelli che vanno in autobus.		

PUNTEGGIO:

PROVA D

D13) Osserva il disegno.

A) Sapendo che l'angolo $D\hat{A}B$ è retto e che le semirette a e c sono bisettrici rispettivamente degli angoli $D\hat{A}C$ e $C\hat{A}B$, determina la misura dell'angolo β.

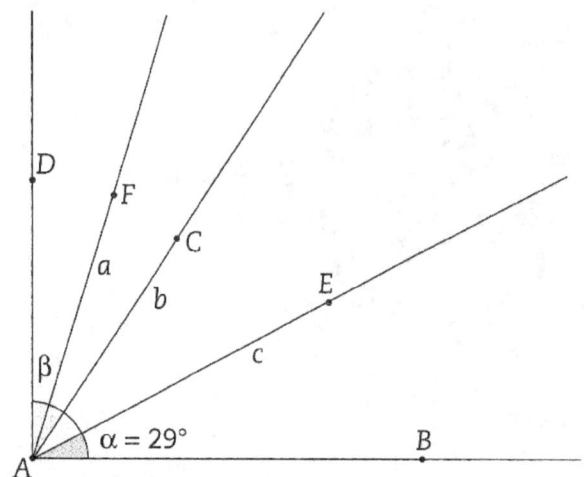

$\beta = $ _____

B) Scrivi il procedimento che hai seguito:

_____

_____

_____

PUNTEGGIO:

D14) Quanti quadrati grigi ci sono nella seguente figura?

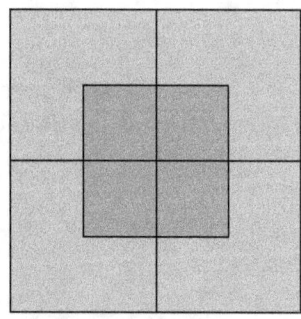

☐ A. 2
☐ B. 5
☐ C. 8
☐ D. 10

PUNTEGGIO:

72

PROVA D

D15) Marco, Giulia e Valerio impiegano tempi diversi per recarsi a scuola. Se vanno diretti e non incontrano contrattempi, Marco impiega un quarto d'ora, Giulia 25 minuti e Valerio 10 minuti.

Lunedì scorso Marco è uscito di casa alle 7.50 e si è fermato all'edicola per 5 minuti; Giulia è uscita di casa alle 7.55; Valerio è uscito di casa alle 8.00 e si è fermato 3 minuti a salutare gli amici che vanno nell'altra scuola.

Se le lezioni iniziano alle ore 8.15, chi dei tre è arrivato a scuola in ritardo lunedì?

☐ A. Marco.

☐ B. Giulia.

☐ C. Valerio.

☐ D. Nessuno dei tre.

PUNTEGGIO:

D16) I numeri sono disposti in sequenza secondo una certa regola.

A) Marco sta cercando di comprenderla e di scrivere quindi il termine successivo. Sai aiutarlo?

1;   3;   6;   10;   15;   21;   28;   36;   ____

B) Scrivi qual è la regola:

_____

_____

PUNTEGGIO:

PROVA D

D17) Il numero che si ottiene aggiungendo al numero 728 dodici unità e due centinaia è:

☐ A. 930

☐ B. 940

☐ C. 760

☐ D. 7212

PUNTEGGIO:

D18) Tre cassette vuote pesano complessivamente 4 kg. Riempite di mele, la prima pesa 27 kg, la seconda 32 kg e la terza 29 kg. Qual è, in media, la quantità di mele contenuta in ogni cassetta?

☐ A. 30 kg.

☐ B. circa 31 kg.

☐ C. circa 29 kg.

☐ D. 28 kg.

PUNTEGGIO:

D19) Tre lati di un quadrilatero misurano 15cm, 12cm e 18cm. Quale tra queste misure *non* va bene per essere la misura del quarto lato?

☐ A. 36 cm

☐ B. 40 cm

☐ C. 42 cm

☐ D. 45 cm

PUNTEGGIO:

D20) Quale tra questi numeri è divisibile contemporaneamente per 3 e per 5?

☐ A. 6035

☐ B. 6030

☐ C. 6031

☐ D. 6033

PUNTEGGIO:

PROVA D

D21) Quanto può essere lungo un cucchiaio da caffè?

- A. 12 cm.
- B. 12 dm.
- C. 12 m.
- D. 12 mm.

PUNTEGGIO:

D22) Una sola delle seguenti disuguaglianze è falsa. Quale?

- A. $2^3 < 3^2$
- B. $2^3 > 4^2$
- C. $0^3 < 3^0$
- D. $5^2 < 2^5$

PUNTEGGIO:

D23) Giulio e Davide sono due ciclisti. Decidono di fare una piccola gara e partono insieme. Giulio, che è ben allenato, riesce a mantenere una media di 28 chilometri orari, mentre Davide fa solo, in media, 25 chilometri orari. Giulio arriva al traguardo esattamente dopo 5 ore.

A) Di quanti chilometri ha distanziato Davide?

_____ km.

B) Spiega il procedimento per giungere al risultato.

_____

_____

_____

PUNTEGGIO:

PROVA D

D24) Indovinello. «Che figura sono?» Indizi:

- sono un quadrilatero;
- ho solo due lati paralleli;
- ho solo due angoli uguali.

Sono un _____.

PUNTEGGIO:

D25) Nella figura che segue Alice ha rappresentato alcuni percorsi che è abituata a percorrere quasi tutti i giorni.

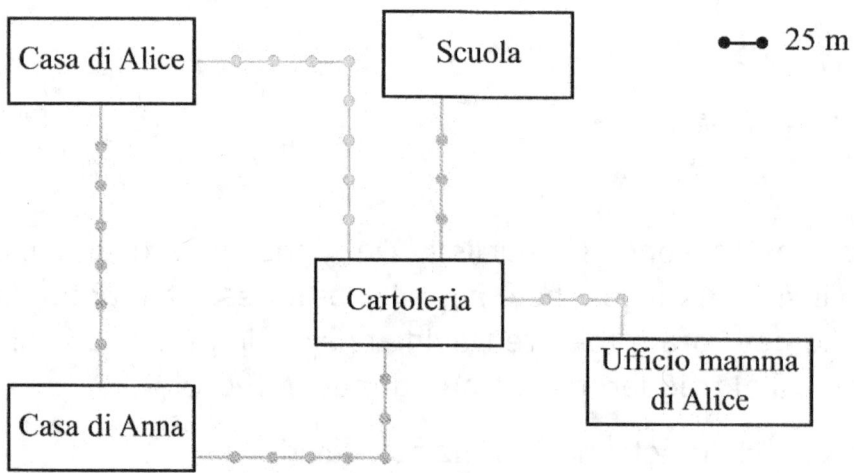

Supponendo di percorrere la strada più breve, stabilisci di quanto differiscono i percorsi:

Casa di Alice – Scuola
Scuola – Ufficio mamma di Alice

☐ A. 150 m.

☐ B. 325 m.

☐ C. 475 m.

☐ D. Nessuna delle precedenti risposte.

PUNTEGGIO:

PROVA D

D26) La scomposizione di due numeri è la seguente:

$$n_1 = 2^3 \cdot 5^4 \cdot 7^2;$$

$$n_2 = 2^2 \cdot 5^2 \cdot 11^3.$$

Il loro Massimo Comun Divisore è:

☐ A. $2^3 \cdot 5^4 \cdot 7^2$

☐ B. $2^3 \cdot 5^4 \cdot 7^2 \cdot 11^3$

☐ C. $2^2 \cdot 5^2$

☐ D. $2^2 \cdot 5^2 \cdot 11^3$

PUNTEGGIO:

D27) Quanti altri quadratini bianchi bisogna colorare perché i $\frac{4}{5}$ dei quadratini risultino grigi?

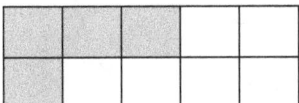

_____ quadratini.

PUNTEGGIO:

D28) La tabella riproduce il pannello elettronico dove sono indicati gli orari delle partenze dei treni nella stazione di Milano Centrale.

PARTENZE				
Treno	Destinazione	Orario	Ritardo	Binario
24145	Genova Brignole	17.50	60'	20
10868	Roma Termini	17.55	25'	1
5153	Lecco	18.03	20'	6
24144	Saronno	18.11	45'	3
10785	Bergamo	18.19	60'	12
24147	Torino Porta Susa	18.20	5'	2
10872	Chivasso	18.25		3
5156	Milano P. Garibaldi	18.26		5
5155	Lecco	18.33		6

PROVA D

A) Con quale numero è indicato il treno che partirà dal binario 2?

_____

B) Il treno per Saronno con partenza prevista alle 18.11 partirà con 45 minuti di ritardo. Se ora sono le 18.25, tra quanti minuti partirà?

_____ minuti.

C) I primi 6 treni hanno accumulato tutti un po' di ritardo. Quali tra essi saranno i primi a partire?

☐ A. 10868, 24145, 24147.
☐ B. 5153, 10868, 24147.
☐ C. 10868, 5153, 24147.
☐ D. 5153, 24147, 24145.

PUNTEGGIO:

PROVA D

HAI TERMINATO LA PROVA!

SE HAI ANCORA DEL TEMPO, RILEGGI E RIGUARDA I QUESITI...

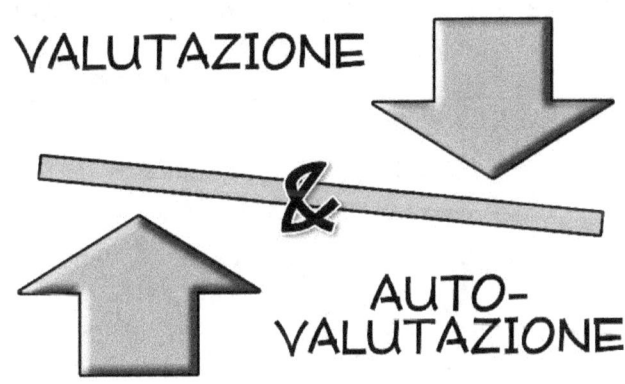

AUTOVALUTAZIONE

Da compilare prima della correzione e della valutazione!

Gli esercizi della prova erano:

☐ semplici;   ☐ della giusta difficoltà;   ☐ impegnativi;   ☐ difficili.

Ho trovato maggiori difficoltà (anche più risposte):

☐ nella comprensione del testo;
☐ nell'esecuzione dei calcoli;
☐ nel sapere che formule/regole usare;
☐ nel tempo a disposizione.

PROVA D

Credo di aver fatto meglio gli esercizi (anche più risposte):

☐ di calcolo numerico;
☐ di geometria;
☐ di logica e intuizione;
☐ relativi a grafici, tabelle ed equivalenze.

Ho trovato particolarmente belli e/o originali e/o divertenti gli esercizi:

_____

_____

* * *

VALUTAZIONE 1:

PROVA D

VALUTAZIONE 2:

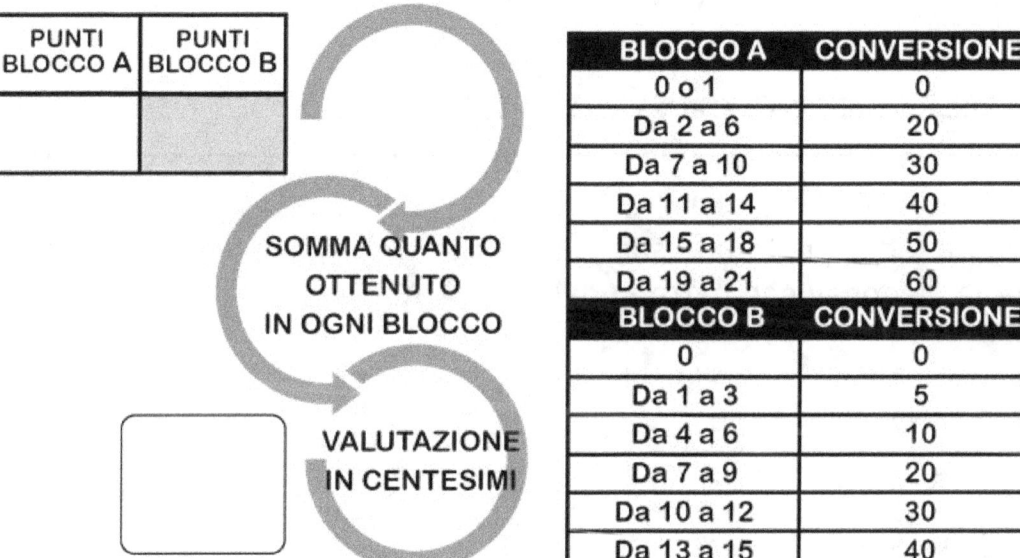

BLOCCO A	CONVERSIONE
0 o 1	0
Da 2 a 6	20
Da 7 a 10	30
Da 11 a 14	40
Da 15 a 18	50
Da 19 a 21	60

BLOCCO B	CONVERSIONE
0	0
Da 1 a 3	5
Da 4 a 6	10
Da 7 a 9	20
Da 10 a 12	30
Da 13 a 15	40

VALUTAZIONE 3: COMPETENZE

NUCLEO TEMATICO	QUESITI AFFERENTI	PUNTI TOTALIZZATI	LIVELLO RAGGIUNTO
NUMERI	D1, D3, D5, D8A, D10, D17, D20, D22, D26.	/9	
SPAZIO & FIGURE	D4, D9, D11, D13, D14, D19, D21, D24, D25.	/11	
RELAZIONI & FUNZIONI	D6, D15, D16, D23, D27.	/8	
MISURE, DATI & PREVISIONI	D2, D7, D8B, D12, D18, D28.	/8	

<u>Livelli</u>: iniziale, base, intermedio, avanzato.

PROVA E

TEMPO A DISPOSIZIONE: 75 MINUTI   ITEMS: 36

E1) In figura è disegnato un esagono. Quanti triangoli si formano tracciando tutte le diagonali che partono dal vertice A?

☐ A. 2
☐ B. 3
☐ C. 4
☐ D. 6

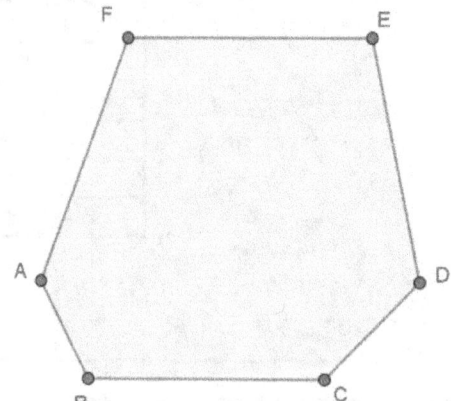

PUNTEGGIO:

E2) Indica quale delle seguenti espressioni traduce la frase:

La metà della somma di 8 e 12

☐ A. 8 : 2 + 12
☐ B. (8 + 12) : 2
☐ C. 8 + 12 : 2
☐ D. 2 : (8 + 12)

PUNTEGGIO:

⊗ Si consiglia di svolgerla nel 2° Quadrimestre.

PROVA E

E3) Osserva l'ideogramma che raccoglie il gradimento delle varie materie da parte degli alunni delle classi prime di una scuola secondaria.

Italiano	👤👤👤👤👤
Storia	👤👤👤👤👤👤
Geografia	👤👤👤👤👤👤
Matematica	👤👤👤👤👤👤
Scienze	👤👤👤👤👤👤👤
Inglese	👤👤👤👤👤👤
2a lingua straniera	👤👤👤👤👤
Tecnologia	👤👤👤👤👤
Arte e Immagine	👤👤👤👤
Ed. Musicale	👤👤👤👤👤👤👤
Ed. motoria	👤👤👤👤👤👤👤👤👤👤👤👤

♟ = 5 maschi; ♙ = 5 femmine

A) Quante sono le ragazze che preferiscono l'Inglese?

_____ ragazze.

B) Qual è la materia o quali sono le materie preferite dai maschi?

_____

C) Quale materia ha o quali materie hanno ricevuto 25 preferenze?

_____

PUNTEGGIO:

PROVA E

E4) Quante cifre ha il risultato della seguente moltiplicazione?

$$1001 \cdot 20002$$

_____ cifre.

PUNTEGGIO:

E5) Considera il prodotto:

$$3 \cdot 4 \cdot 5 \cdot 11.$$

Per ognuna delle affermazioni in tabella indica se è vera o falsa.

Affermazione	V	F
Il risultato è un numero divisibile per 12.		
Il risultato è un numero divisibile per 33.		
Il risultato è un numero divisibile per 7.		

PUNTEGGIO:

E6) La lunghezza di una scatola, arrotondata al centimetro più vicino, è 9 cm. Quale misura potrebbe essere la vera lunghezza della scatola?

☐ A. 10 cm.

☐ B. 9,8 cm.

☐ C. 9,6 cm.

☐ D. 8,7 cm.

PUNTEGGIO:

PROVA E

E7) Chiara chiama Paolo e gli sottopone il seguente problema:

«Fabio e Giò hanno la stessa età; Marco ha due anni in più di Fabio e 3 in meno di Gigi. Quanti anni ha Gigi?»

Paolo resta perplesso, poi dice a Chiara: manca almeno un dato! Cosa si è dimenticata di dire Chiara?

- ☐ A. L'età della mamma di Marco.
- ☐ B. L'età di Fabio.
- ☐ C. La differenza di età tra Fabio e Marco.
- ☐ D. La differenza di età tra Giò e Gigi.

PUNTEGGIO:

E8) Il sistema di misura anglosassone adotta unità di misura differente da quelle che utilizziamo abitualmente noi con il Sistema Internazionale. Ad esempio 1 piede inglese (foot) corrisponde a una lunghezza di 0,3 metri.

A) Quale operazione permette di calcolare a quanti metri corrispondono 20 piedi?

- ☐ A. 20 piedi : 0,3
- ☐ B. 20 piedi · 0,3
- ☐ C. 20 metri · 0,3
- ☐ D. 20 metri : 0,3

B) Calcola a quanti piedi corrispondono 6 metri.

6 metri = _____ piedi.

PUNTEGGIO:

E9) Eliana domanda ai suoi amici: «Che cosa hanno in comune un rombo e un rettangolo?»

Ecco le risposte che ha ricevuto:

PROVA E

Andrea: «Sono entrambi parallelogrammi.»

Edoardo: «Hanno le diagonali perpendicolari.»

Maria: «Sono dei quadrilateri.»

Francesca: «A volte possono avere la stessa area.»

Chi ha dato una risposta non corretta?

☐ A. Andrea.

☐ B. Edoardo.

☐ C. Maria.

☐ D. Francesca.

PUNTEGGIO:

E10) Nella tabella sono riportate alcune promozioni relative a Tablet e abbonamenti Internet.

		Operatore 1	Operatore 2		Operatore 3		
Tablet		15 GB di traffico	3 GB	5 GB	1 GB	5 GB	10GB
Tablet 16 GB	€ 0 Tablet +29€ mese		€ 0 T. + 29€ mese	€ 0 T. + 39€ mese	€ 0 T. + 24€ mese	€ 0 T. + 29€ mese	€ 0 T. + 34€ mese
Tablet 32 GB	€ 0 Tablet +34€ mese		€49 T. + 29€ mese	€49 T. + 39€ mese	€ 0 T. + 29€ mese	€ 0 T. + 34€ mese	€ 0 T. + 39€ mese
Tablet 64 GB	€ 0 Tablet +39€ mese		€99 T. + 29€ mese	€99 T. + 39€ mese	€99 T. + 29€ mese	€99 T. + 34€ mese	€99 T. + 39€ mese

A) Quale operatore offre un Tablet 64 GB con canone mensile a 34 €?

Operatore _____ .

B) Con l'Operatore 1 quanto si spende in un anno complessivamente per un Tablet 32 GB?

_____ €.

PROVA E

C) Quanto si risparmia in un anno per un Tablet 32 GB con l'Operatore 3 rispetto all'operatore 2 acquistando l'offerta 5 GB?

_____ €.

PUNTEGGIO:

E11) Osserva la seguente espressione:

$$(45 + n) : 3$$

Se si sostituisce n con un numero naturale, come sarà il risultato?

- ☐ A. Sarà sempre un numero naturale se n è un multiplo di 3.
- ☐ B. Sarà sempre un numero decimale se n è pari.
- ☐ C. Sarà sempre un numero decimale se n è dispari.
- ☐ D. Sarà sempre un numero naturale se n è un multiplo di 2.

PUNTEGGIO:

E12) È stata condotta una indagine in un gruppo di 48 persone circa il colore preferito tra rosso, giallo, blu e bianco.

A) Dopo aver letto i risultati dell'indagine, completa il grafico scrivendo per ogni settore a quale colore si riferisce.

- Il rosso è il colore maggiormente scelto.
- Il rosso e il bianco insieme sono stati scelti dalla metà del campione.
- Il bianco e il giallo insieme hanno le stesse preferenze del rosso.

PROVA E

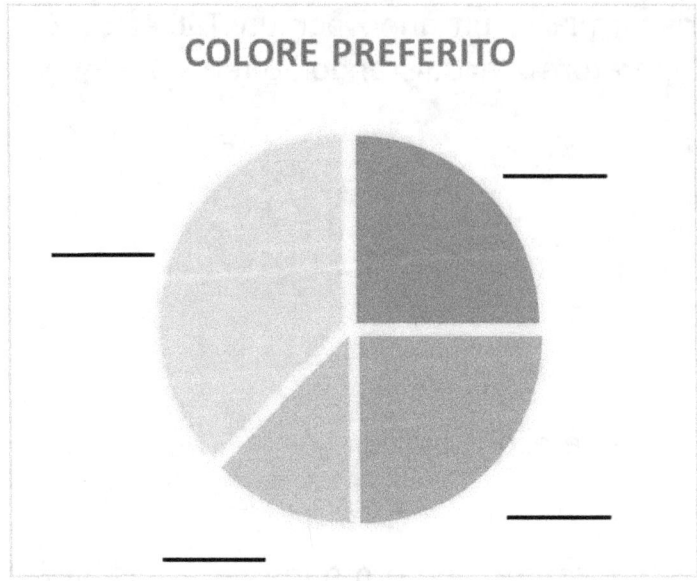

B) Quante persone hanno scelto il giallo?

_____ persone.

PUNTEGGIO:

E13) Claudio ha ricevuto in regalo un cronometro digitale, con la lancetta grande che indica i secondi e quella piccola i minuti. Lo sta testando: in questo momento che tempo sta indicando?

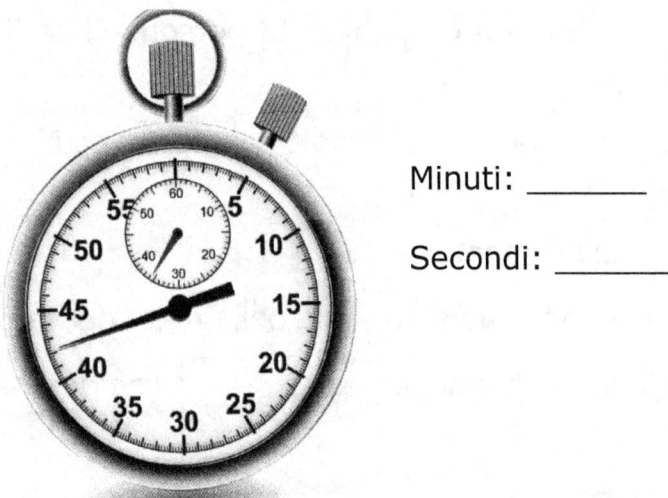

Minuti: _____

Secondi: _____

PUNTEGGIO:

PROVA E

E14) Nella figura che vedi qua sotto i numeri riportati indicano il valore in metri del perimetro delle singole figure in cui sono scritti.

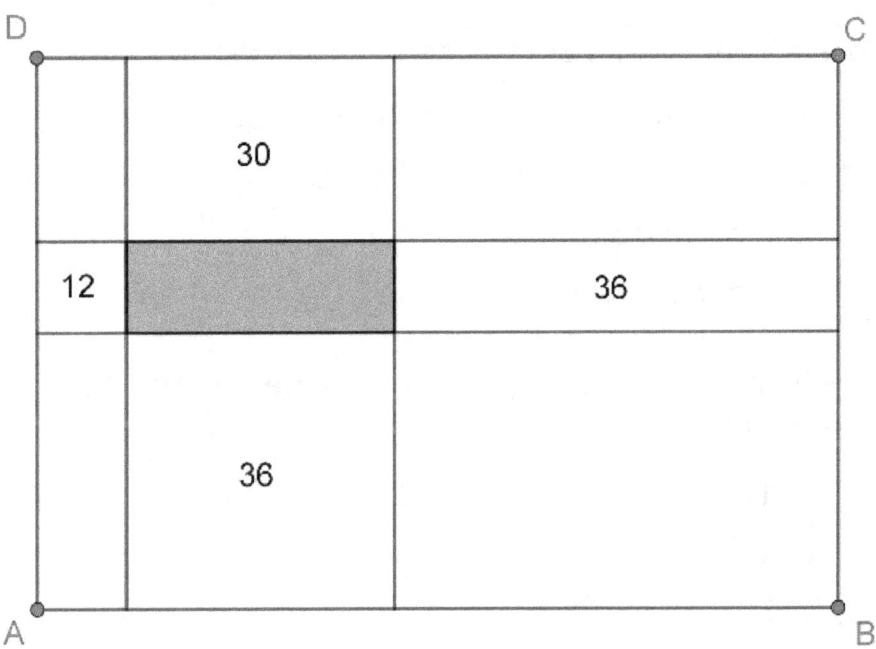

A) Quanti metri misura il perimetro del rettangolo grigio?

P = _____ m.

B) Quanto misura il perimetro di tutto il rettangolo ABCD?

- ☐ A. 88 m.
- ☐ B. 92 m.
- ☐ C. 90 m.
- ☐ D. 86 m.

PUNTEGGIO:

PROVA E

E15) Considera la seguente moltiplicazione:

$$30 \cdot 20 = 600.$$

A) Cosa accade se si moltiplicano per 3 entrambi i fattori?

☐ A. Il prodotto diventa 6 volte più grande.

☐ B. Il prodotto diventa 9 volte più grande.

☐ C. Il prodotto triplica.

☐ D. Il prodotto non cambia.

B) Se si vuole che il risultato divenga 6, per quanto bisogna dividere ciascun fattore?

☐ A. 10

☐ B. 100

☐ C. 20

☐ D. 0,1

E16) Viola sta studiando Scienze e ha trovato questa scrittura:
$$E = 5 + 2 \cdot 10^2 + 7 \cdot 10^3 + 9 \cdot 10^5.$$

Marta le spiega: "Si tratta di una quantità scritta come somma di potenze... Non è proprio la notazione scientifica che abbiamo studiato, ma quasi..."

Quale numero è rappresentato con questa notazione?

$E = $ _____ .

E17) All'interno di un parco divertimenti ci si può spostare con un trenino che fa il percorso che vedi nella figura.

PROVA E

Dalle 10:00 in poi, ogni mezz'ora, dalla fermata 1 parte una corsa del trenino. Il trenino impiega 5 minuti per andare da una fermata alla successiva, con l'eccezione del tratto tra la terza e la quarta, dove impiega 10 minuti.

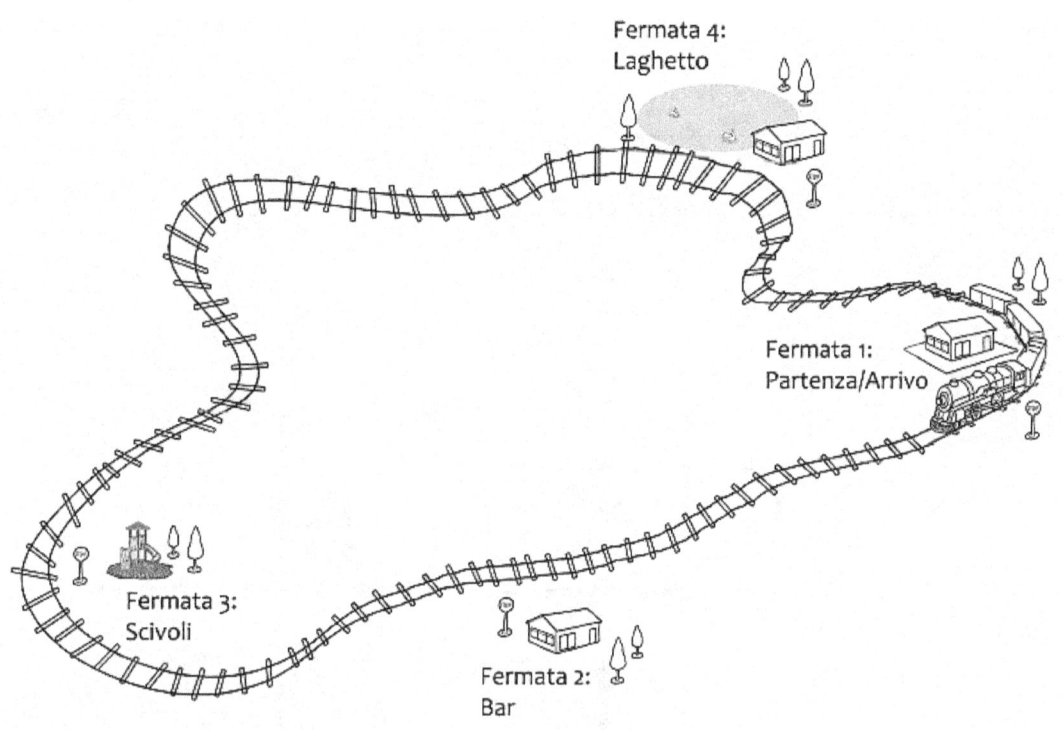

A) Dove si trova il treno alle 10:45?

☐ A. Tra la seconda e la terza fermata.

☐ B. Alla terza fermata.

☐ C. Tra la terza e la quarta fermata.

☐ D. Alla quarta fermata.

B) Quanti giri ha completato il trenino alle ore 12:00?

☐ A. 5

☐ B. 4

☐ C. 3

☐ D. 2

PROVA E

C) Se il parco divertimenti chiude alle 18:00, quanti giri ha fatto in totale il trenino in un giorno?

Scrivi il procedimento e i conti che ti portano al risultato

_____

_____

_____

PUNTEGGIO:

E18) Osserva la figura 1.

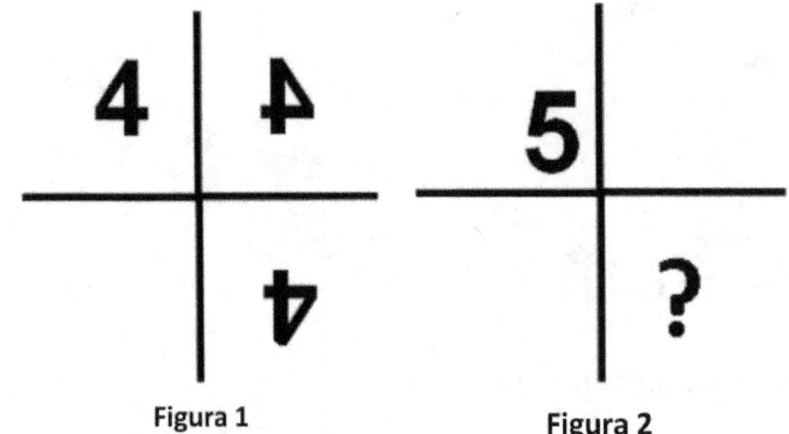

Figura 1   Figura 2

Osserva la figura 2, dove il 4 è stato sostituito con il 5.

Che cosa ci sarà al posto del punto interrogativo?

☐ A. ƻ

☐ B. ƨ

☐ C. 5

☐ D. ϛ

PUNTEGGIO:

PROVA E

E19) Marta e il nonno camminano insieme lungo un sentiero. Ogni 2 passi fatti dal nonno, Marta ne fa 3 per restargli al fianco. Quando il nonno ha fatto 40 passi, quanti passi ha fatto Marta?

☐ A. 80

☐ B. 60

☐ C. 40

☐ D. 20

PUNTEGGIO:

E20) Osserva la mappa. Sono indicate 6 navi localizzate attorno a Punta Faro. La posizione della nave Albania è:

(7 km, 20° NO)

Ricorda che i simboli N (Nord) e Sud (S) hanno sempre la precedenza rispetto a O (Ovest) ed E (Est).

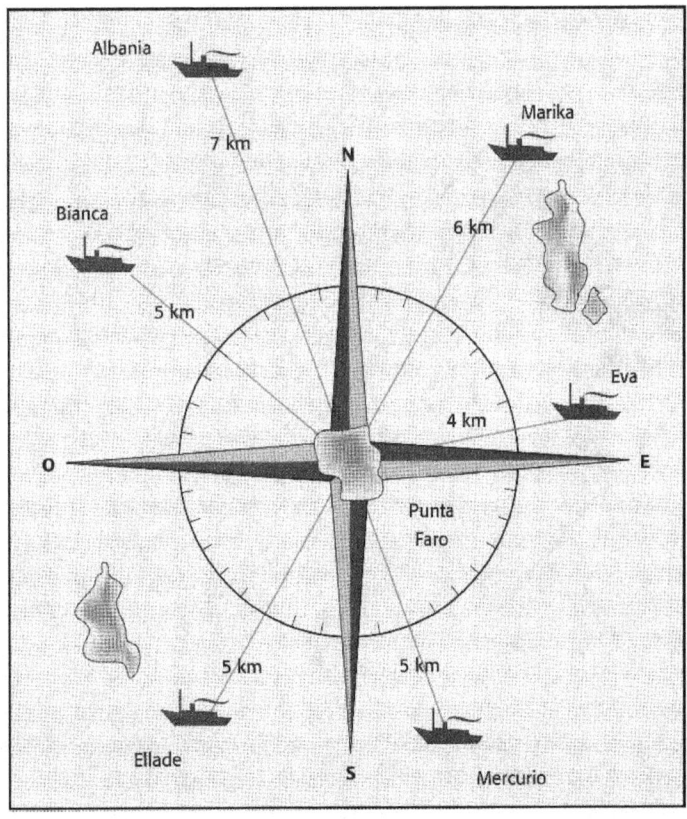

PROVA E

A) Indica se le affermazioni in tabella sono vere o false.

Affermazione	V	F
La posizione della nave Bianca è (5 km, 50° NO)		
La posizione della nave Ellade è (5 km, 40° SE)		
La posizione della nave Mercurio è (4 km, 80° NE)		
La posizione della nave Marika è (6 km, 30° NE)		

B) Indica la posizione della nave Eva.

(_____)

PUNTEGGIO:

E21) Quale frazione rappresenta la parte in grigio della figura?

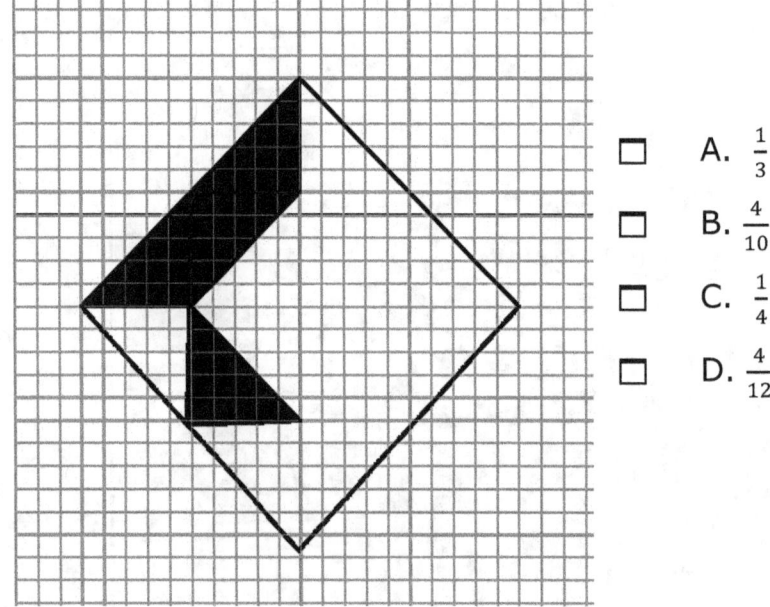

- A. $\frac{1}{3}$
- B. $\frac{4}{10}$
- C. $\frac{1}{4}$
- D. $\frac{4}{12}$

PUNTEGGIO:

E22) Quale problema può essere risolto dalla seguente espressione?

$$20 - (7{,}50 + 4{,}50 + 3) = R$$

- ☐ A. Enzo esce di casa 20 €. Compera frutta per 7,50 €, riviste e giornali per 4,50 € e un cono gelato da 2 €. Quanto ha speso in tutto Enzo?

- ☐ B. Nonna Gertrude ha 20 € per i suoi nipoti. Ne dà 3 ad Aldo (ci comprerà le figurine), 4,50 € a Bianca per il suo nuovo quadernone ad anelli e 7,50 € a Carlo per un set di matite colorate. Infine lascia 5 € a mamma Elena. Quanto rimane a nonna Gertrude?

- ☐ C. Simona ha una paghetta settimanale di 20 €. Durante questa settimana è andata al cinema (7,50 €), in piscina (4,50 €) e ha comprato la sua rivista preferita (3 €). Quanto le è rimasto ancora da spendere?

- ☐ D. Max, il ciclista, deve suddividere il suo percorso in 4 tappe. Ha già percorso tre tappe lunghe 7km, 4,5 km e 3,5 km. In tutto deve percorrere 20 km. Quanto è lunga l'ultima tappa di Max?

| PUNTEGGIO: | |

E23) Nel gioco della "morra cinese" i due giocatori devono mostrare contemporaneamente uno dei seguenti simboli con la mano:

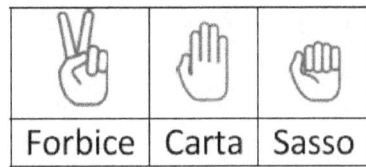

Le diverse combinazioni che si possono formare sono mostrate nella tabella che vedi nella pagina successiva.
Ogni segno ne batte un altro, secondo questo schema:

PROVA E

	✋	✊	✌
✋	Carta Carta	Carta Sasso	Carta Forbice
✊	Sasso Carta	Sasso Sasso	Sasso Forbice
✌	Forbice Carta	Forbice Sasso	Forbice Forbice

1. Il sasso spezza le forbici (vince il sasso);
2. Le forbici tagliano la carta (vincono le forbici);
3. La carta avvolge il sasso (vince la carta).

A) Cerchia sulla tabella le combinazioni in cui vincono le forbici.

B) Considera l'insieme di tutte le combinazioni: le coppie formate da "carta" e "sasso" rappresentano:

   ☐ A. $\frac{1}{9}$ di tutte le combinazioni.

   ☐ B. $\frac{2}{9}$ di tutte le combinazioni.

   ☐ C. $\frac{1}{3}$ di tutte le combinazioni.

   ☐ D. $\frac{2}{3}$ di tutte le combinazioni.

C) Cristina sostiene che la probabilità che escano due simboli uguali è minore della probabilità che escano due simboli diversi. Sei d'accordo con Cristina? Scegli una risposta e completa la frase.

   ☐ Sì, sono d'accordo con Cristina perché

   _____

   ☐ No, non sono d'accordo con Cristina perché

   _____

PUNTEGGIO:

PROVA E

HAI TERMINATO LA PROVA!

SE HAI ANCORA DEL TEMPO, RILEGGI E RIGUARDA I QUESITI...

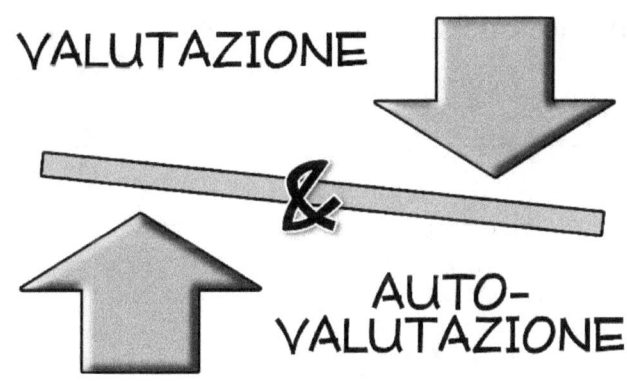

AUTOVALUTAZIONE

Da compilare <u>prima</u> della correzione e della valutazione!

Gli esercizi della prova erano:

☐ semplici;   ☐ della giusta difficoltà;   ☐ impegnativi;   ☐ difficili.

Ho trovato maggiori difficoltà (anche più risposte):

☐ nella comprensione del testo;
☐ nell'esecuzione dei calcoli;
☐ nel sapere che formule/regole usare;
☐ nel tempo a disposizione.

PROVA E

Credo di aver fatto meglio gli esercizi (anche più risposte):

- ☐ di calcolo numerico;
- ☐ di geometria;
- ☐ di logica e intuizione;
- ☐ relativi a grafici, tabelle ed equivalenze.

Ho trovato particolarmente belli e/o originali e/o divertenti gli esercizi:

_____

_____

* * *

VALUTAZIONE 1:

PROVA E

VALUTAZIONE 2:

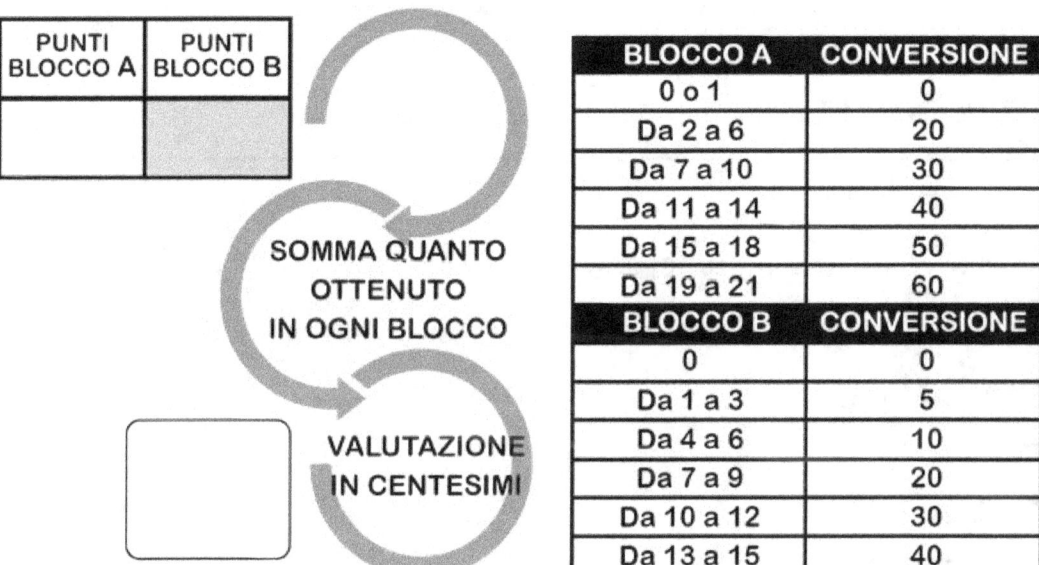

BLOCCO A	CONVERSIONE
0 o 1	0
Da 2 a 6	20
Da 7 a 10	30
Da 11 a 14	40
Da 15 a 18	50
Da 19 a 21	60

BLOCCO B	CONVERSIONE
0	0
Da 1 a 3	5
Da 4 a 6	10
Da 7 a 9	20
Da 10 a 12	30
Da 13 a 15	40

VALUTAZIONE 3: COMPETENZE

NUCLEO TEMATICO	QUESITI AFFERENTI	PUNTI TOTALIZZATI	LIVELLO RAGGIUNTO
NUMERI	E2, E4, E5, E11, E15, E16, E21.	/8	
SPAZIO & FIGURE	E1, E6, E9, E13, E14, E18, E20.	/9	
RELAZIONI & FUNZIONI	E7, E8, E17, E19, E22.	/8	
MISURE, DATI & PREVISIONI	E3, E10, E12, E23.	/11	

Livelli: iniziale, base, intermedio, avanzato.

PROVA F

TEMPO A DISPOSIZIONE: 75 MINUTI   ITEMS: 36

F1) Come si scrive in cifre il numero

«Duecentoquattro e ottantacinque centesimi»?

☐ A. 204,085

☐ B. 200,485

☐ C. 204,85

☐ D. 204,805

PUNTEGGIO:

F2) Margherita sta preparando la pasta per pranzo e sulla confezione trova scritto:

500 g

Cottura: 10 minuti

A) Margherita vuole preparare 100 g di pasta. Quanto tempo occorrerà per cuocerla?

_____.

⊗ Si consiglia di svolgerla nel 2° Quadrimestre.

PROVA F

B) Nel week-end Margherita vuole invitare a cena degli amici. Mette insieme tutte le scatole di pasta che ha in casa, e, tra quelle già iniziate e quelle ancora chiuse, vede che in tutto ha 1245 g di pasta. Se la dose per ogni persona è di 100 g a testa, quanti amici potrà invitare Margherita?

_____ amici.

C) Riporta i conti da te fatti per giungere alla risposta precedente:

_____

_____

_____

_____

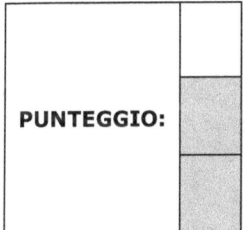

F3) Quale numero bisogna scrivere al posto dei puntini affinché la leva sia in perfetto equilibrio?

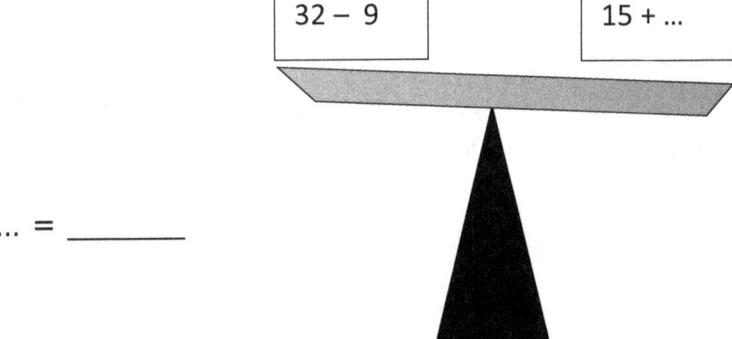

... = _____

PUNTEGGIO:

F4) La squadra di bob dei Guanti rossi incontra i rivali dei Guanti neri. Ogni compagine è composta da 3 persone e ognuna, in segno di fair-play, stringe la mano a ognuno dell'altra squadra. Quante strette di mano ci sono state in tutto?

- A. 3
- B. 6
- C. 9
- D. 15

PUNTEGGIO:

F5) L'orologio di Corrado segna le 2:30.

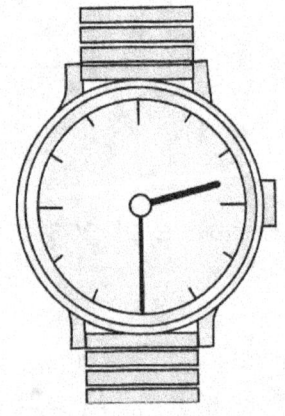

A) Quale è l'ampiezza dell'angolo che avrà descritto la lancetta dei minuti quando l'orologio segnerà le ore 3:00?

- A. 180°
- B. 120°
- C. 100°
- D. 90°

PROVA F

B) Quale è l'ampiezza dell'angolo che avrà descritto la lancetta delle ore quando l'orologio segnerà le ore 3:00?

- ☐ A. 90°
- ☐ B. 60°
- ☐ C. 30°
- ☐ D. 15°

C) Scrivi l'espressione che ti ha portato alla soluzione del quesito B:

_____

PUNTEGGIO:

F6) Indovina il numero!
- È composto da 4 cifre;
- la cifra delle centinaia è doppia della cifra delle migliaia;
- la cifra delle unità è la metà, aumentata di uno, della cifra delle centinaia;
- la cifra delle decine, che è 2, è la metà delle migliaia.

Quale è il numero?

_____

PUNTEGGIO:

PROVA F

F7) Osserva la tabella, quindi stabilisci se ognuna delle affermazioni successive è vera oppure falsa.

È fratello / sorella di...	Veronica	Francesca	Dario	Mariella	Gianni	Anna	Fulvia
Veronica		✓	✓			✓	
Francesca	✓		✓			✓	
Dario	✓	✓				✓	
Mariella							✓
Gianni							
Anna	✓	✓	✓				
Fulvia				✓			

Affermazione	V	F
Mariella e Fulvia sono sorelle.		
Anna non ha fratelli.		
Veronica ha tre sorelle.		
Gianni è figlio unico.		
Dario non ha fratelli.		

PUNTEGGIO:

F8) Roberto va a fare un giro in bicicletta. Alla partenza il contachilometri segna:

0090,2 km

Quanto segnerà dopo che avrà percorso 1000 metri?

PROVA F

☐ A. 0090,3 km
☐ B. 0091,2 km
☐ C. 0100,2 km
☐ D. 0101,2 km

PUNTEGGIO:

F9) Osserva il solido in figura

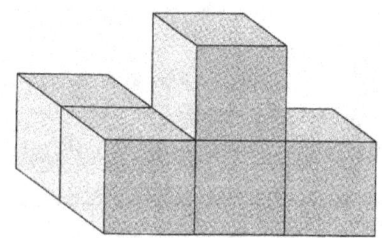

Quale figura può rappresentare l'oggetto dopo averlo girato?

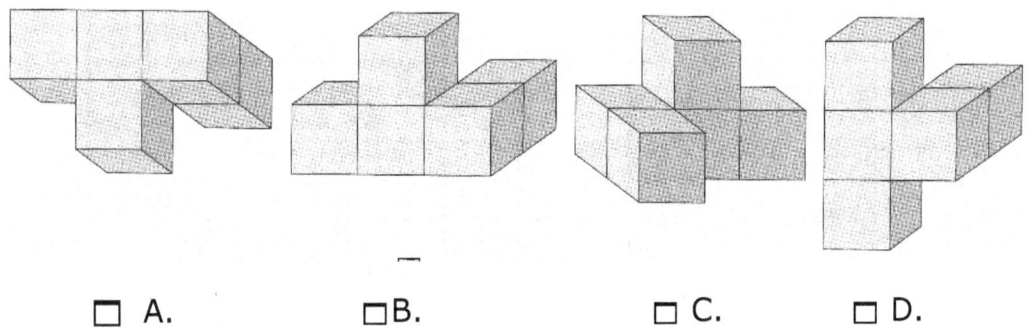

☐ A. ☐ B. ☐ C. ☐ D.

PUNTEGGIO:

F10) Nella seguente espressione inserisci una coppia di parentesi in modo che il risultato sia 25.

$$10 \cdot 9 - 2^3 + 5 \cdot 3$$

PUNTEGGIO:

PROVA F

F11) Giovanni ha nel suo portafoglio più euro di Anna e Matteo ha meno euro di Giovanni. Quale delle seguenti frasi è sicuramente vera?

☐ A. Anna ha più euro di Matteo.

☐ B. Matteo ha più euro di Anna.

☐ C. Giovanni è quello che ha più euro di tutti.

☐ D. Non si può sapere chi ha più euro.

PUNTEGGIO:

F12) Quali dei quadrilateri in figura sono parallelogrammi?

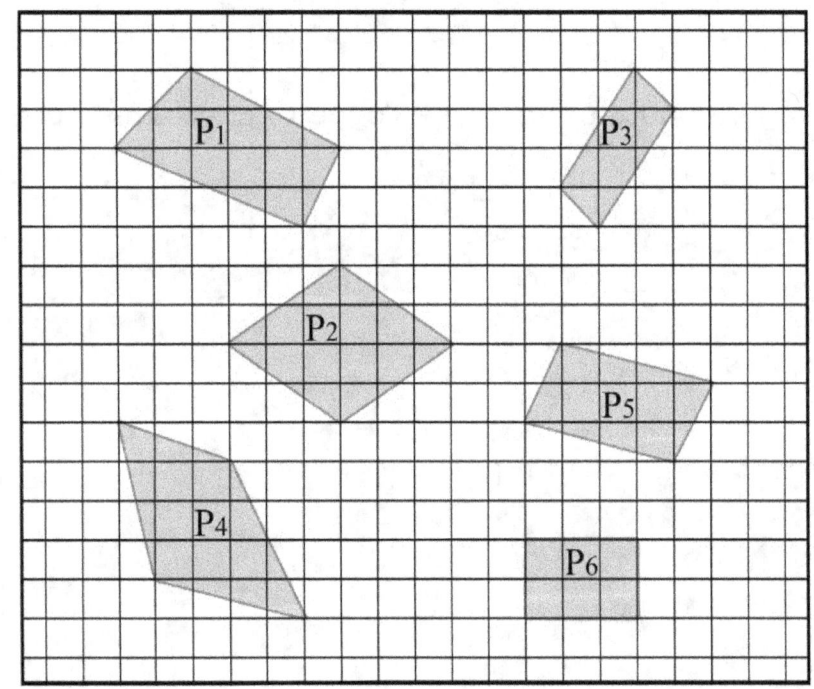

Risposta:

_____

PUNTEGGIO:

106

PROVA F

F13) Lungo il lato di un viale ci sono 9 alberi in fila. Nel mezzo, tra un albero e l'altro, c'è un'aiuola.

A) Quante aiuole ci sono in tutto?

_____ aiuole.

B) Se tra un albero e l'altro ci sono 3 metri, qual è la distanza tra il primo e l'ultimo albero?

_____ m.

PUNTEGGIO:

F14) Considera il seguente prodotto tra numeri primi:

$$2 \cdot 5 \cdot 29 \cdot 101$$

Stabilisci se ciascuna affermazione è vera o falsa:

Affermazione	V	F
Il risultato è un numero divisibile per 3.		
Il risultato è un numero divisibile per 58.		
Il risultato è un numero divisibile per 10.		
Il risultato è un numero divisibile per 6.		

PUNTEGGIO:

F15) Nei diagrammi che seguono è rappresentata la distribuzione della popolazione italiana (suddivisa per fasce d'età e per sesso) nel 2010 e una previsione per il 2050.

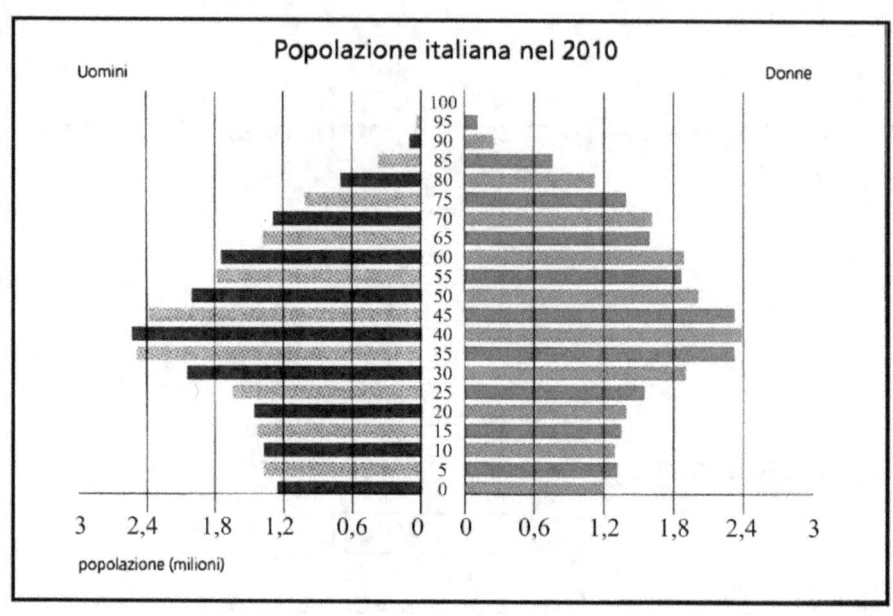

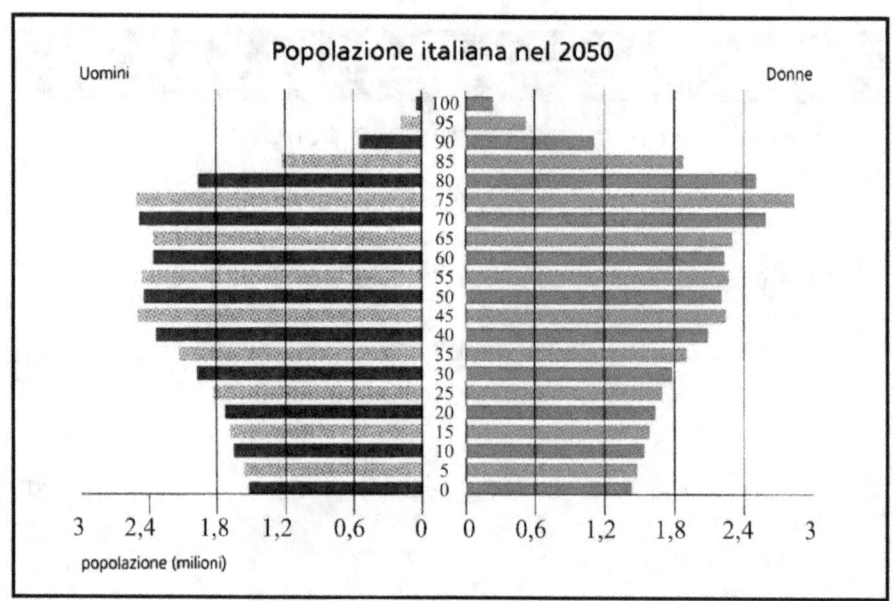

A) Quale sarà, nel 2050, la fascia di età maggiormente rappresentata per le donne?

_____ anni.

PROVA F

B) Quanti uomini nella fascia di età di 55 anni ci saranno in più nel 2050 rispetto al 2010?

- A. Circa 600.000
- B. Circa 600.000.000
- C. Circa 6.000.000
- D. Circa 6.000

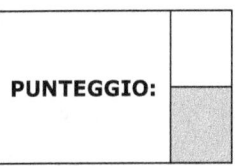
PUNTEGGIO:

F16) Indica quale dei seguenti triangoli corrisponde a questa descrizione:

ABC è un triangolo rettangolo con l'angolo retto in A. Il cateto AB è minore del cateto AC. M è il punto medio dell'ipotenusa.

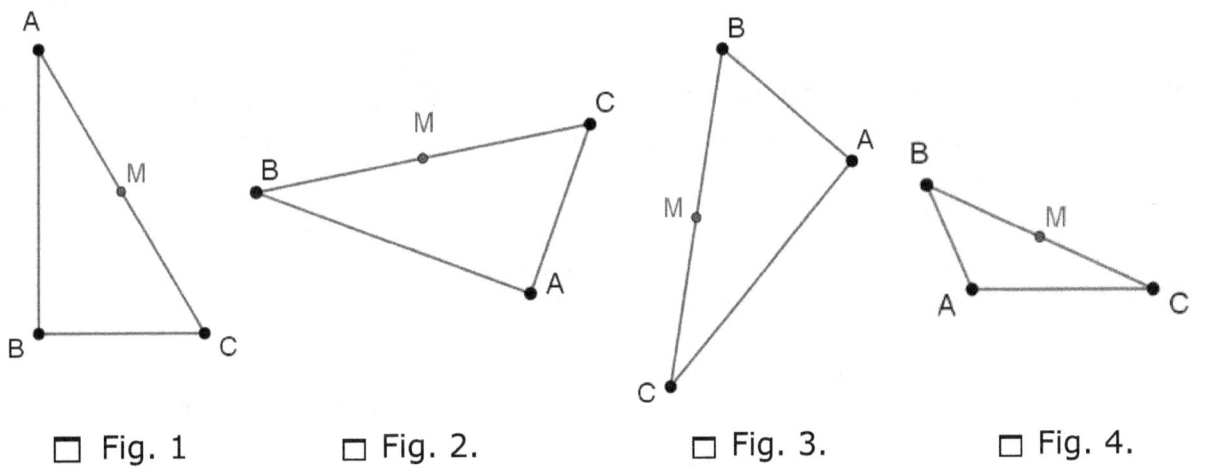

- Fig. 1
- Fig. 2.
- Fig. 3.
- Fig. 4.

PUNTEGGIO:

PROVA F

F17) Giampiero sta osservando i numeri in questa tabella e sta cercando di capire quale sia la regola che lega i numeri di arrivo a quelli di partenza.

Numero di partenza	2	4	6
Numero di arrivo	6	20	34

Chiede allora consiglio ai suoi compagni sulla chat e riceve queste risposte. Chi ha ragione?

☐ A. Valeria: "Devi moltiplicare per 3 il numero di partenza".

☐ B. Giacomo: "Moltiplica per 7 e poi sottrai 8!"

☐ C. Lorenzo: "Moltiplica il numero di partenza per il suo successivo".

☐ D. Jasmine: "Devi moltiplicare il numero di partenza per quello che lo precede e poi aggiungi 4".

PUNTEGGIO:

F18) La cartina seguente rappresenta una parte del percorso delle 4 linee della metropolitana (Linea A, Linea B, Linea C e Linea D) della città di Roma.

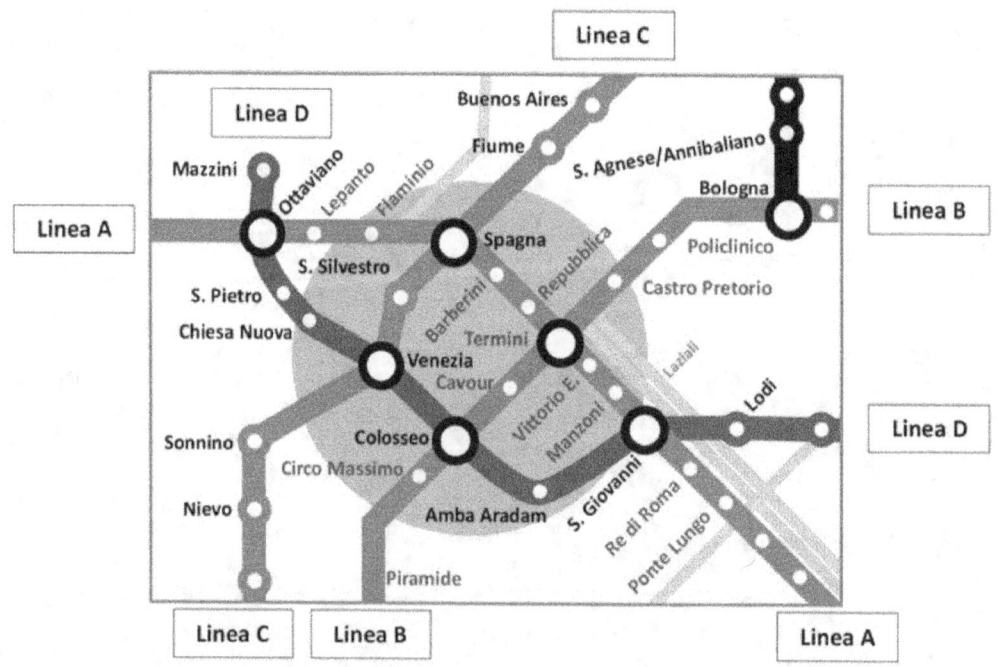

PROVA F

A) Quali linee della metropolitana si incontrano alla fermata S. Giovanni?

☐ A. Linea A e Linea B.

☐ B. Linea A e Linea D.

☐ C. Linea C e Linea D.

☐ D. Linea B e Linea D.

B) Abdul è un turista appena arrivato in Italia: sale alla fermata Bologna e vuole scendere alla fermata Venezia. Gli consigli il percorso più breve: quante fermate farà in tutto Abdul?

____ fermate.

PUNTEGGIO:

F19) Osserva il diagramma: indica in quali situazioni di peso può trovarsi una persona.

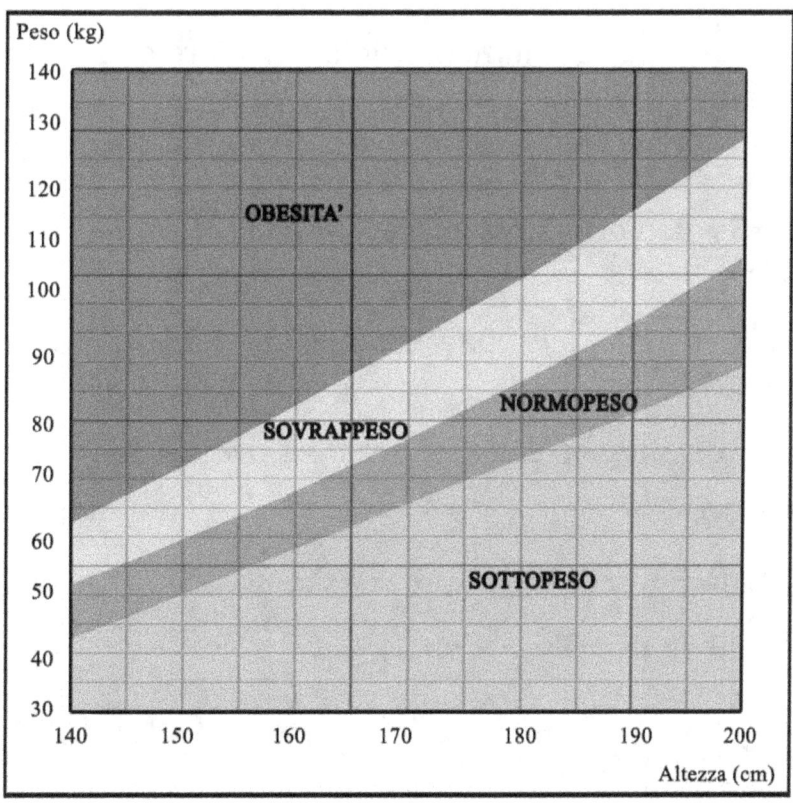

PROVA F

A) Se un bambino è alto 165 cm e pesa 80 kg, in quale stato si trova?

☐ A. Obesità.

☐ B. Sovrappeso.

☐ C. Normopeso.

☐ D. Sottopeso.

B) Un bambino alto 150 cm e che pesa 95 kg, di quanti chilogrammi dovrà dimagrire per rientrare nella fascia dei normopeso?

☐ A. Dai 45 ai 60 kg.

☐ B. Dai 25 ai 30 kg.

☐ C. Dai 30 ai 35 kg.

☐ D. Dai 35 ai 45 Kg.

PUNTEGGIO:

F20) L'insegnante chiede: «Un numero primo maggiore di 2 è sempre dispari?». Quattro studenti rispondono così:

Pier: «Non si può sapere, perché i numeri primi sono infiniti».

Giuseppe: «Sì, perché se fosse pari sarebbe divisibile per 2, quindi non sarebbe primo».

Matilde: «No, perché potrebbe esserci un numero primo grande, pari proprio come il 2».

Tiziana: «No, perché potrebbe essere divisibile per 2 e per 1».

Chi ha ragione?

☐ A. Giuseppe.

☐ B. Matilde.

☐ C. Pier.

☐ D. Tiziana.

PUNTEGGIO:

PROVA F

F21) Considera la seguente divisione tra potenze:

$$10^5 \; : \; 10^3 \; = \; 10^2$$

dividendo divisore quoziente

A) Cosa succede se si moltiplicano il dividendo e il divisore per 3?

☐ A. Il quoziente diminuisce di 3.

☐ B. Il quoziente diventa la terza parte.

☐ C. Il quoziente triplica.

☐ D. Il quoziente non cambia.

B) Cosa succede se si divide solo il dividendo per 10^2 (e si lascia invariato il divisore)?

Quoziente = _____.

PUNTEGGIO:

F22) Quanti volt sta indicando il voltmetro?

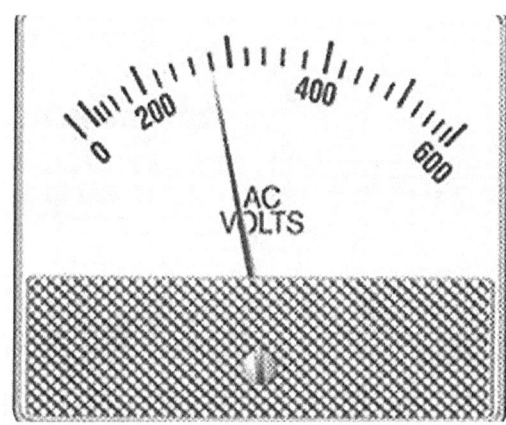

_____ Volt.

PUNTEGGIO:

F23) Un treno, atteso per le ore 14:30, arriva in stazione con 330 minuti di ritardo a causa di eccezionali condizioni di maltempo. A che ora è arrivato?

Alle ore _____.

PUNTEGGIO:

PROVA F

F24) Qui sotto è rappresentata la pianta di un appartamento

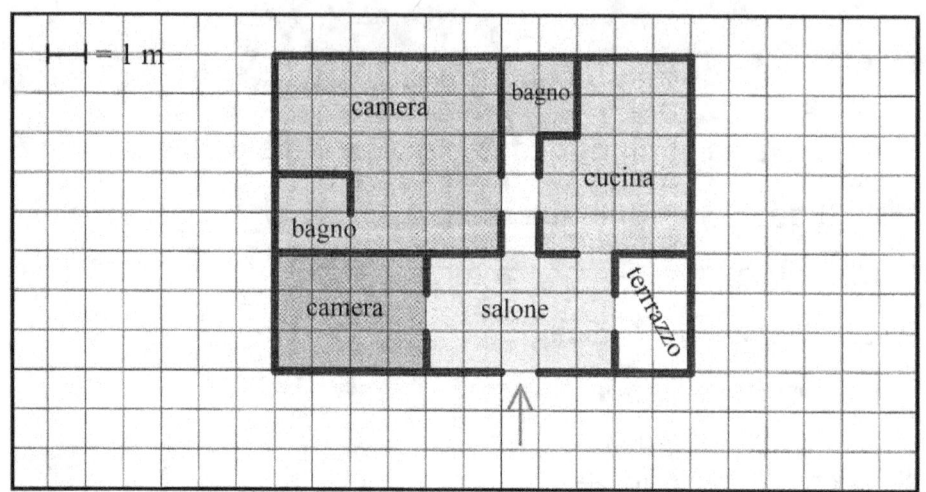

A) Quanti metri misura il perimetro dell'appartamento, escluso il terrazzo?

P = _____ m.

B) Quanto misura il perimetro della stanza più grande?

☐ A. 24 m.
☐ B. 22 m.
☐ C. 18 m.
☐ D. 16 m.

F25) Gennaro ha 26 euro nel salvadanaio e Salvatore ne ha 18. Ogni giorno, Gennaro aggiunge un euro ai propri risparmi e Salvatore aggiunge due euro. Quanti euro avrà ciascuno di loro il giorno in cui saranno arrivati a mettere da parte la stessa somma?

☐ A. 8
☐ B. 30
☐ C. 34
☐ D. 36

PROVA F

F26) Considera il numero 6845. Scambiano la cifra delle migliaia con quella delle centinaia e quella delle decine con quella delle unità, il numero...

☐ A. aumenta di 1809 unità.

☐ B. diminuisce di 1809 unità.

☐ C. aumenta di 809 unità.

☐ D. diminuisce di 809 unità.

PUNTEGGIO:

PROVA F

HAI TERMINATO LA PROVA!

SE HAI ANCORA DEL TEMPO, RILEGGI E RIGUARDA I QUESITI...

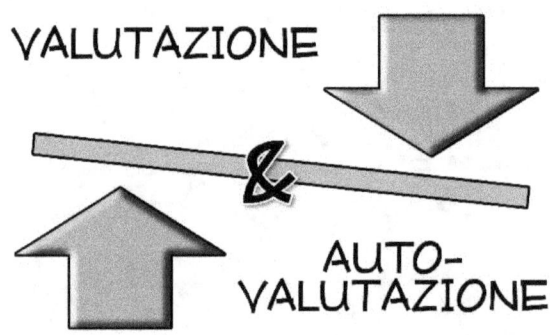

AUTOVALUTAZIONE

> Da compilare <u>prima</u> della correzione e della valutazione!

Gli esercizi della prova erano:

- ☐ semplici;
- ☐ della giusta difficoltà;
- ☐ impegnativi;
- ☐ difficili.

Ho trovato maggiori difficoltà (anche più risposte):

- ☐ nella comprensione del testo;
- ☐ nell'esecuzione dei calcoli;
- ☐ nel sapere che formule/regole usare;
- ☐ nel tempo a disposizione.

PROVA F

Credo di aver fatto meglio gli esercizi (anche più risposte):

- ☐ di calcolo numerico;
- ☐ di geometria;
- ☐ di logica e intuizione;
- ☐ relativi a grafici, tabelle ed equivalenze.

Ho trovato particolarmente belli e/o originali e/o divertenti gli esercizi:

_____

_____

* * *

VALUTAZIONE 1:

PROVA F

VALUTAZIONE 2:

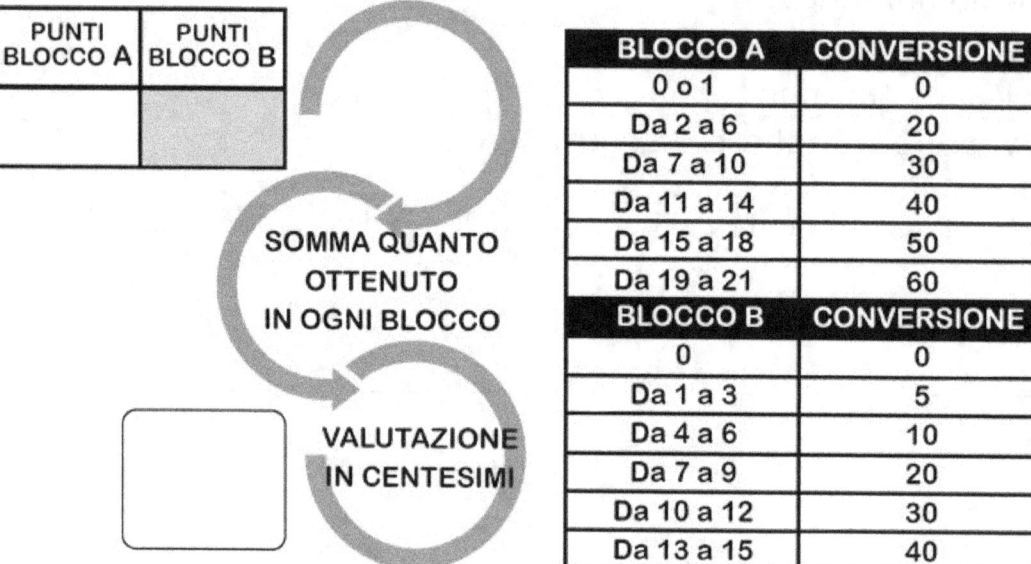

BLOCCO A	CONVERSIONE
0 o 1	0
Da 2 a 6	20
Da 7 a 10	30
Da 11 a 14	40
Da 15 a 18	50
Da 19 a 21	60
BLOCCO B	**CONVERSIONE**
0	0
Da 1 a 3	5
Da 4 a 6	10
Da 7 a 9	20
Da 10 a 12	30
Da 13 a 15	40

VALUTAZIONE 3: COMPETENZE

NUCLEO TEMATICO	QUESITI AFFERENTI	PUNTI TOTALIZZATI	LIVELLO RAGGIUNTO
NUMERI	F1, F3, F6, F10, F14, F20, F21, F26.	/9	
SPAZIO & FIGURE	F5, F9, F12, F16, F18, F22, F24.	/11	
RELAZIONI & FUNZIONI	F2B, F2C, F4, F7, F11, F13, F17, F25.	/9	
MISURE, DATI & PREVISIONI	F2A, F8, F15, F19, F23.	/7	

<u>Livelli</u>: iniziale, base, intermedio, avanzato.

7 TRA I QUESITI PIÙ DIFFICILI DELLE PROVE INVALSI

TEMPO A DISPOSIZIONE: ??? MINUTI ⊕ ITEMS: 10

X1) Quale delle seguenti operazioni dà il risultato più grande?

    ☐ A. $10 \cdot 0{,}5$

    ☐ B. $10 \cdot 0{,}1$

    ☐ C. $10 : 0{,}5$

    ☐ D. $10 : 0{,}1$

[Dalla prova INVALSI 2012 – Classe Prima Secondaria di Primo Grado – Ambito: *Numeri* – Percentuale nazionale di risposte giuste: 10,8%]

X2) Lucia esce da casa sua, va a comprare il pane per la nonna e glielo porta a casa. Al ritorno, fa un'altra strada e si ferma prima dal fruttivendolo e poi in pescheria per fare alcuni acquisti per la mamma. Nella mappa in figura sono rappresentati i percorsi fatti da Lucia per andare e tornare da casa sua a casa della nonna.

⊕ Trattandosi di quesiti difficili il tempo a disposizione non è facilmente quantificabile a priori, potrebbe essere esso stesso oggetto di discussione in classe, avendo lasciato la prova "senza tempo" oppure con un tempo che è determinato dagli alunni stessi (ad esempio quando metà classe dichiara di aver ultimato la prova l'insegnante lascia ancora 5 minuti al resto della classe per concluderla).

PROVA X

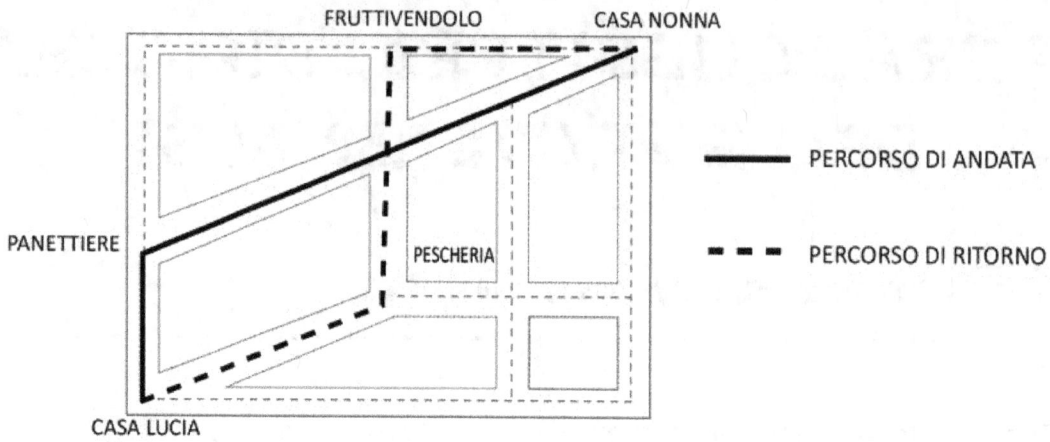

Nel percorso di ritorno Lucia fa più strada rispetto all'andata?

Scegli una delle due risposte e completa la frase.

☐ Sì, perché _____

_____

_____

☐ No, perché _____

_____

_____

[Dalla prova INVALSI 2012 – Classe Prima Secondaria di Primo Grado – Ambito: *Spazio e Figure* – Percentuale nazionale di risposte giuste: 12,8%]

PROVA X

X3) La distanza tra due corpi celesti è $5 \cdot 10^6$ km.

Qual è la distanza equivalente in metri?

☐ A. $5 \cdot 10^8$ m.

☐ B. $5 \cdot 10^9$ m.

☐ C. $5 \cdot 10^3$ m.

☐ D. $5 \cdot 10^2$ m.

[Dalla prova INVALSI 2013 – Classe Terza Secondaria di Primo Grado – Ambito: *Numeri* – Percentuale nazionale di risposte giuste: 38,9%]

X4) In un'indagine sul numero di gelati consumati a Ferragosto sono state intervistate 100 persone. La tabella registra le risposte.

Numero gelati	Numero persone
0	9
1	53
2	21
3	15
4	0
5	2

A) Quanti intervistati hanno mangiato almeno 2 gelati?

☐ A. 15

☐ B. 17

☐ C. 21

☐ D. 38

B) Qual è la media dei gelati mangiati dagli intervistati?

Media = _____ gelati.

PROVA X

C) Scrivi il procedimento che hai seguito:

_____

_____

_____

[Dalla prova INVALSI 2008 – Classe Terza Secondaria di Primo Grado – Ambito: *Misure, dati & previsioni* – Percentuale nazionale di risposte giuste: A) 58,4% B-C) 11,8%]

X5) In un laboratorio si devono riempire *completamente* 7 contenitori da un litro travasando il liquido contenuto in flaconi da 33 cl ciascuno. Il liquido rimanente viene gettato via.

A) Qual è il numero minimo di flaconi che occorrono per riempire tutti i sette contenitori?

_____ flaconi.

B) Quanto liquido viene gettato via?

_____ cl.

[Dalla prova INVALSI 2010 – Classe Terza Secondaria di Primo Grado – Ambito: *Relazioni & Funzioni* – Percentuale nazionale di risposte giuste: A) 24,3%, B) 21,1%]

PROVA X

X6) La lunghezza dell'ombra di un albero varia durante il giorno a seconda dell'altezza del sole sull'orizzonte.

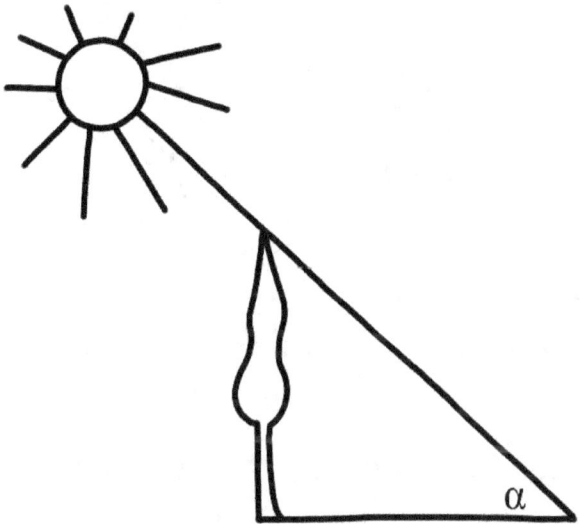

Quanto deve misurare l'angolo a affinché l'altezza dell'albero e la lunghezza della sua ombra diventino uguali?

Risposta: _____°

[Dalla prova INVALSI 2012 – Classe Prima Secondaria di Primo Grado – Ambito: *Spazio e Figure* – Percentuale nazionale di risposte giuste: 24,1%]

X7) Considera il numero 15. Raddoppialo, poi raddoppia il risultato, poi continua a raddoppiare. In questo modo arrivi a trovare tutti i multipli di 15?

☐ Sì, perché _____

_____

☐ No, perché _____

_____

[Dalla prova INVALSI 2014 – Classe Terza Secondaria di Primo Grado – Ambito: *Numeri* – Percentuale nazionale di risposte giuste: 24,0%]

PROVA X

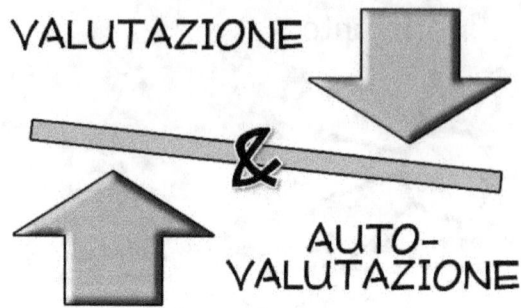

AUTOVALUTAZIONE

Gli esercizi della prova erano:

☐ semplici; ☐ della giusta difficoltà; ☐ impegnativi; ☐ difficili.

Penso di essere stato:

☐ in linea con le percentuali nazionali di successo (ossia basse);
☐ migliore delle percentuali nazionali di successo.

Credo di aver compreso perché questi quesiti sono risultati così ostici agli alunni che li hanno affrontati prima di me:

☐ no.   ☐ sì, in particolare secondo me perché:

Ho trovato maggiori difficoltà (anche più risposte):

☐ nella comprensione del testo;
☐ nell'esecuzione dei calcoli;
☐ nel sapere che formule/regole usare;
☐ nel tempo a disposizione.

Il quesito che non ho saputo fare, o che penso di aver sbagliato o che mi ha dato più difficoltà è (anche più risposte):

☐ X1;   ☐ X2;   ☐ X3;   ☐ X4;   ☐ X5;   ☐ X6;   ☐ X7.

PROVA X

VALUTAZIONE

Per questi quesiti la valutazione è più di carattere qualitativo e dovrebbe essere legata ad un lavoro di classe (la nostra classe è stata in linea con le percentuali nazionali o è migliore?). Tuttavia, se vuoi attribuirti un giudizio su questi 10 items, puoi seguire questo schema:

SEZIONE II:

GRIGLIE DI CORREZIONE

GRIGLIE DI CORREZIONE

PROVA ZERO: TEST DI ATTENZIONE

QUESITO	SOLUZIONE	NOTE
1	A	
2	C	
3	C	
4	B	Alcuni potrebbero rispondere A (le decine sono 3) o la C (le decine sono 300)
5	B	
6	B	Può essere utile far fare la prova, se qualcuno dubitasse...
7	C	
8	C	Le altre figure non rispettano una o più condizioni richieste. Sarà molto importante riprendere l'argomento quando si affrontano le proprietà e la classificazione dei quadrilateri
9	A	
10	D	
11	A) Elena B) Davide	
12	D	Ovviamente anche i numeri sono parole da conteggiare (in particolare 2 e 3 hanno tre lettere!)
13	C	
14	25	
15	B	Quesito dove occorre prestare attenzione non solo al labirinto, ma anche a come sono scritte le risposte!
16	E	Si ottiene 15
17	A) D B) giovedì e venerdì	La lettura di un grafico è una competenza da implementare e sviluppare durante l'intero arco della Scuola Secondaria.

GRIGLIE DI CORREZIONE

QUESITO	SOLUZIONE	NOTE
18	A	
19	Lunedì	
20	C	
21	B	
22	7 dl	
23	A	

Items = Punteggio Totale = 25.

GRIGLIE DI CORREZIONE

PUNTEGGIO CONSEGUITO:	ANALISI E COMMENTI:
23 – 25	Bene. Per questo test una percentuale oltre il 50% dovrebbe ottenere questi risultati, se così non fosse, è consigliabile programmare specifici interventi di potenziamento del livello base.
20 – 22	
15 – 19	Gli studenti con questo punteggio potrebbero aver affrontato distrattamente la prova (tipicamente coloro che vi hanno messo un tempo minore rispetto al resto della classe) oppure avere qualche lacuna sulle conoscenze di ingresso di base. Si consiglia un'analisi caso per caso per valutare quali quesiti abbiano sbagliato e come mai. <u>Far eseguire agli studenti l'autovalutazione delle possibili cause d'errore</u> (avevo mal compreso il testo; mi sono distratto; non sapevo questa cosa...)
< 15	Gli studenti con questo punteggio o hanno affrontato molto superficialmente la prova, oppure possono evidenziare delle criticità che è bene tentare di affrontare e risolvere fin da subito. Spesso gli studenti con Disturbi Specifici di Apprendimento rientrano in questa fascia di punteggio. Altri casi vanno analizzati con attenzione, ricorrendo anche all'auto-valutazione cui sopra.

GRIGLIE DI CORREZIONE

PROVA A

Prima di iniziare la correzione **si consiglia di compilare la pagina di Autovalutazione.** In seguito si potrà così analizzare se ci si è ben valutati, sopravalutati o sottovalutati.

La tabella che segue è strutturata in modo da poter eseguire abbastanza con facilità i tre tipi di valutazione presentati a inizio libro.

	= BLOCCO A
	= BLOCCO B

QUESITO	NUCLEO	SOLUZIONE	NOTE
A1	Relaz & F.ni	D	
A2	Numeri	D	
A3	Numeri	8	
A4	Relaz & F.ni	B	
A5 A	Numeri	9 modi	I modi sono: 2+2 2+1+1 2+1+0,5+0,5 2+0,5 · 4 1+1+1+1 1+1+1+0,5+0,5 1+1+0,5 · 4 1 + 0,5 · 6 0,5 · 8
A5 B	Numeri	Con una lista ordinata. *Oppure:* con un diagramma ad albero.	È accettabile anche la lista stessa senza la spiegazione, purché completa o coerente con la risposta data alla domanda A5 A.

GRIGLIE DI CORREZIONE

QUESITO	NUCLEO	SOLUZIONE	NOTE
A6	Relaz & F.ni	C	
A7 A	Dati & Prev.	81,60 euro o anche 81 euro e 60 cent.	Si prende punteggio solo nella seconda domanda se il procedimento è corretto ma è stato commesso un errore di calcolo. Al contrario se la risposta è giusta ma il procedimento mancante o parziale si prende 1 punto solo nella prima richiesta.
A7 B	Dati & Prev.	20 · 4 + 0,20 · 8 = 81,6 Oppure il conto mese per mese: gennaio =20 + 1,20 febbraio = 20; marzo =20+0,40; aprile = 20; totale = ...	
A8	Spazio & Fig.	B	
A9 A	Relaz & F.ni	4 tappe	
A9 B	Relaz & F.ni	290 − (68 + 80) = 142 km, i quali non possono essere percorsi in una sola tappa, né in più di due. Dunque in tutto 4 tappe.	Ragionamenti simili sono accettabili purché si metta in evidenza che per rispettare le consegne 1 tappa non basta e 3 sarebbero troppe.
A10	Spazio & Fig.	B	
A11 A	Dati & Prev.	D	
A11 B	Dati & Prev.	V − V − V	1 punto solo se sono tutte giuste.
A12	Numeri	D	
A13	Numeri	42 anni	
A14	Spazio & Fig.	D	

GRIGLIE DI CORREZIONE

QUESITO	NUCLEO	SOLUZIONE	NOTE
A15 A	Relaz & F.ni	B	
A15 B	Relaz & F.ni	C	
A16 A	Relaz & F.ni	10,3 dl o 1,03 l o 103 cl.	
A16 B	Relaz & F.ni	1,7 dl di vernice rossa e 7,5 dl di vernice bianca.	Accettabili le soluzioni con altre unità di misura se l'equivalenza è corretta.
A17 A	Spazio & Fig.	22 m	
A17 B	Spazio & Fig.	36 m	
A18 A	Dati & Prev.	8.10	
A18 B	Dati & Prev.	15.00	
A18 C	Dati & Prev.	B	
A19	Spazio & Fig.	C	

GRIGLIE DI CORREZIONE

PROVA B

Prima di iniziare la correzione **si consiglia di compilare la pagina di Autovalutazione.** In seguito si potrà così analizzare se ci si è ben valutati, sopravalutati o sottovalutati.

La tabella che segue è strutturata in modo da poter eseguire abbastanza con facilità i tre tipi di valutazione presentati a inizio libro.

	= BLOCCO A
	= BLOCCO B

QUESITO	NUCLEO	SOLUZIONE	NOTE
B1	Numeri	B	
B2	Relaz. & F.ni	96	
B3 A	Relaz. & F.ni	B	
B3 B	Relaz. & F.ni	Sottraendo il costo del secondo cesto a quello del primo rimangono 2 euro, il costo di 2 pere. Quindi ogni pera costa 1 euro.	Vanno bene anche procedimenti differenti purché spiegati con chiarezza. Risposte come "sono andato a tentativi" o "ho usato il buon senso" o "ho fatto i conti" non sono invece accettabili.
B4 A	Dati & Prev.	8	
B4 B	Dati & Prev.	(12+8+4) : 3	
B5	Spazio & Fig.	D	

GRIGLIE DI CORREZIONE

QUESITO	NUCLEO	SOLUZIONE	NOTE
B6	Dati & Prev.	Occhi castani Occhi azzurri Occhi neri Occhi verdi	[Esattamente in quest'ordine, da sinistra a destra. Accettabile anche aver scritto solo il colore senza "occhi"]
B7	Relaz. & F.ni	B	
B8	Relaz. & F.ni	C	
B9 A	Spazio & Fig.	6	
B9 B	Relaz. & F.ni	0, 5, 8, 9	1 punto solo se sono scritti tutti e quattro i numeri.
B10 A	Numeri	B	
B10 B	Numeri	(24 · 10000 + + 7 · 5000) : 1936,27	Accettabile anche chi ha messo : 2000 per poter fare più facilmente il conto a mente e stimare l'ordine di grandezza della risposta, tanto più che la risposta chiede "all'incirca" e le opzioni disponibili differiscono molto tra di loro.
B11	Numeri	B	
B12	Spazio & Fig.	B	
B13	Numeri	C	
B14 A	Relaz. & F.ni	D	
B14 B	Relaz. & F.ni	No	
B14 C	Relaz. & F.ni	L'addizione non gode della proprietà invariantiva	È accettabile anche chi fa il conto e dice che tra 5 anni Emma avrà 11 anni e la mamma 35 e 35 non è il quintuplo di 11.
B15 A	Dati & Prev.	D	
B15 B	Dati & Prev.	B	
B15 C	Dati & Prev.	A	

GRIGLIE DI CORREZIONE

QUESITO	NUCLEO	SOLUZIONE	NOTE
B16	Numeri	C	
B17	Spazio & Fig.	D	
B18	Spazio & Fig.	224 km/h	Risultati approssimati non accettabili. Lo studente deve comprendere che ogni tacca vale 8 km/h
B19A	Dati & Prev.	3 euro	
B19B	Dati & Prev.	V V F	1 punto solo se sono tutte e tre corrette.

GRIGLIE DI CORREZIONE

PROVA C

Prima di iniziare la correzione **si consiglia di compilare la pagina di Autovalutazione.** In seguito si potrà così analizzare se ci si è ben valutati, sopravalutati o sottovalutati.

La tabella che segue è strutturata in modo da poter eseguire abbastanza con facilità i tre tipi di valutazione presentati a inizio libro.

	= BLOCCO A
	= BLOCCO B

QUESITO	NUCLEO	SOLUZIONE	NOTE
C1	Dati & Prev.	A	Quando si calcola la media si deve dividere per 10: è errato considerare solo i giorni in cui è piovuto! *Nota: nella I edizione la risposta corretta A mancava la virgola (28 anziché 2,8).*
C2	Relaz. & F.ni	B	
C3	Numeri	A	
C4	Spazio & Fig.	C	
C5	Relaz. & F.ni	C	
C6 A	Dati & Prev.	C	*Nella I Edizione la risposta corretta è invece D.*
C6 B	Dati & Prev.	B	
C7	Dati & Prev.	A	
C8	Numeri	D	
C9	Numeri	$33 - 4^2 \cdot (2 - 1) + 10 = 27$	
C10	Spazio & Fig.	B	
C11	Spazio & Fig.	B	

GRIGLIE DI CORREZIONE

QUESITO	NUCLEO	SOLUZIONE	NOTE
C12	Numeri	A	
C13	Spazio & Fig.	D	
C14 A	Relaz. & F.ni	30 cm	
C14 B	Relaz. & F.ni	15 quadrati	
C15	Spazio & Fig.	A	
C16	Numeri	B	
C17 A	Relaz. & F.ni	48 ml	
C17 B	Relaz. & F.ni	A	
C18	Spazio & Fig.	D	
C19	Dati & Prev.	D	
C20	Numeri	0,5	
C21	Numeri	C	
C22	Numeri	A	
C23 A	Relaz. & F.ni	0,25 kg	
C23 B	Relaz. & F.ni	1 vasetto grande equivale a 4 piccoli, dunque sul secondo ripiano è come se ci fossero 12 barattoli piccoli. Dunque 3:12=0,25. [O ragionamenti simili]	
C24	Relaz. & F.ni	B	

GRIGLIE DI CORREZIONE

PROVA D

Prima di iniziare la correzione **si consiglia di compilare la pagina di Autovalutazione.** In seguito si potrà così analizzare se ci si è ben valutati, sopravalutati o sottovalutati.

La tabella che segue è strutturata in modo da poter eseguire abbastanza con facilità i tre tipi di valutazione presentati a inizio libro.

	= BLOCCO A
	= BLOCCO B

QUESITO	NUCLEO	SOLUZIONE	NOTE
D1	Numeri	D	
D2	Dati & Prev.	V F F V	1 punto se almeno 3 sono giuste.
D3	Numeri	D	
D4 A	Spazio & Fig.	Punto C	
D4 B	Spazio & Fig.	B	
D5	Numeri	50	
D6 A	Relaz. & F.ni	40; 20; 30	Accettabile la soluzione anche se scritti in ordine differente.
D6 B	Relaz. & F.ni	Metodo grafico, metodo a tentativi, ... con passaggi.	Soluzione valida solo se accompagnata da adeguata spiegazione o prove ("metodo a tentativi" da solo, senza nemmeno un tentativo non va bene)
D7	Dati & Prev.	B	
D8 A	Numeri	C	

GRIGLIE DI CORREZIONE

QUESITO	NUCLEO	SOLUZIONE	NOTE
D8 B	Dati & Prev.	Sì, 25 Kg.	1 punto solo se oltre alla casella Sì viene indicato il dato corretto. Accettabile anche chi scrive: "la massa (o il peso) di ogni sacco".
D9	Spazio & Fig.	D	
D10	Numeri	2	
D11	Spazio & Fig.	C	
D12	Dati & Prev.	F F V F	1 punto se almeno 3 giuste.
D13 A	Spazio & Fig.	16°	
D13 B	Spazio & Fig.	[90° - (29 · 2)] : 2	Vanno bene anche i singoli passaggi separatamente.
D14	Spazio & Fig.	D	
D15	Relaz. & F.ni	B	
D16 A	Relaz. & F.ni	45	
D16 B	Relaz. & F.ni	Da un numero all'altro si aumenta sempre di 1 l'incremento: +2; +3; +5; ...	Vanno bene anche altre spiegazioni simili, purché emerga una regola logicamente corretta.
D17	Numeri	B	
D18	Dati & Prev.	D	
D19	Spazio & Fig.	D	
D20	Numeri	B	
D21	Spazio & Fig.	A	
D22	Numeri	B	
D23 A	Relaz. & F.ni	15 km	
D23 B	Relaz. & F.ni	La differenza tra le due velocità è pari a 3 km/h. Dunque ogni ora Giulio guadagna 3 Km su Davide. Dopo 5 ore ne ha guadagnati 15. [O ragionamenti simili. Scrivere solo 3 · 15 invece non è accettabile]	

GRIGLIE DI CORREZIONE

QUESITO	NUCLEO	SOLUZIONE	NOTE
D24	Spazio & Fig.	Trapezio rettangolo	
D25	Spazio & Fig.	D	[125 m]
D26	Numeri	C	
D27	Relaz. & F.ni	4 quadratini	
D28 A	Dati & Prev.	24147	
D28 B	Dati & Prev.	31 minuti	
D28 C	Dati & Prev.	C	

GRIGLIE DI CORREZIONE

PROVA E

Prima di iniziare la correzione **si consiglia di compilare la pagina di Autovalutazione.** In seguito si potrà così analizzare se ci si è ben valutati, sopravalutati o sottovalutati.

La tabella che segue è strutturata in modo da poter eseguire abbastanza con facilità i tre tipi di valutazione presentati a inizio libro.

	= BLOCCO A
	= BLOCCO B

QUESITO	NUCLEO	SOLUZIONE	NOTE
E1	Spazio & Fig.	C	
E2	Numeri	B	
E3 A	Dati & Prev.	20	
E3 B	Dati & Prev.	Scienze, Ed. Motoria	0 punti se si è indicata una sola materia.
E3 C	Dati & Prev.	Italiano, Tecnologia, 2a Lingua	0 punti se non si sono indicate tutte e 3 le materie.
E4	Numeri	8 cifre	
E5	Numeri	V V F	1 punto solo se sono tutte e 3 esatte.
E6	Spazio & Fig.	D	
E7	Relaz. & F.ni	B	
E8 A	Relaz. & F.ni	B	
E8 B	Relaz. & F.ni	20 piedi	
E9	Spazio & Fig.	B	
E10 A	Dati & Prev.	Operatore 3	

GRIGLIE DI CORREZIONE

QUESITO	NUCLEO	SOLUZIONE	NOTE
E10 B	Dati & Prev.	408 €	
E10 C	Dati & Prev.	109 €	
E11	Numeri	A	
E12 A	Dati & Prev.	*[grafico a torta "COLORE PREFERITO" con settori: blu, giallo, bianco, rosso]*	1 punto solo se tutti e quattro i colori sono correttamente posizionati.
E12 B	Dati & Prev.	12 persone.	NOTA: nella I Edizione del libro il quesito E12 presentava un errore di formulazione del testo tale da rendere, di fatto, infattibile il quesito e, di conseguenza, da annullare, a meno di non effettuare la seguente correzione nella prima affermazione: - il rosso è il colore maggiormente scelto (e non il blu).

GRIGLIE DI CORREZIONE

QUESITO	NUCLEO	SOLUZIONE	NOTE
E13	Spazio & Fig.	35 o 36 minuti, 42 secondi.	1 punto solo se entrambe le misure (minuti e secondi) sono giuste. [Si possono accettare sia 35 sia 36 minuti in quanti in alcuni cronometri la lancetta dei minuti si muove in modo continuo, e allora sarebbe giusto 35, in altri invece si muove a scatti e allora è giusto 36.]
E14 A	Spazio & Fig.	24 m	
E14 B	Spazio & Fig.	C	
E15 A	Numeri	B	
E15 B	Numeri	A	
E16	Numeri	907205	
E17 A	Relaz. & F.ni	C	
E17 B	Relaz. & F.ni	B	
E17 C	Relaz. & F.ni	Il trenino fa 1 giro ogni mezz'ora, dunque in 8 ore fa 16 giri.	O ragionamenti simili; non accettabile solo il risultato.
E18	Spazio & Fig.	D	
E19	Relaz. & F.ni	B	
E20 A	Spazio & Fig.	V F F V	1 punto se almeno 3 sono giuste.
E20 B	Spazio & Fig.	(4 km, 80° NE)	
E21	Numeri	C	
E22	Relaz. & F.ni	C	
E23 A	Dati & Prev.	2 caselle cerchiate: quella in alto a destra e quella in basso a sinistra	Risposta giusta e quindi 1 punto solo se entrambe le caselle sono cerchiate.

GRIGLIE DI CORREZIONE

QUESITO	NUCLEO	SOLUZIONE	NOTE
E23 B	Dati & Prev.	B	
E23 C	Dati & Prev.	Sì, perché... ci sono 3 possibilità (o 3 casi) che escano simboli uguali e 6 che escano simboli diversi.	Risposta valida solo se con motivazione. [Basta anche solo dire 3 casi contro 6.]

GRIGLIE DI CORREZIONE

PROVA F

Prima di iniziare la correzione **si consiglia di compilare la pagina di Autovalutazione.** In seguito si potrà così analizzare se ci si è ben valutati, sopravalutati o sottovalutati.

La tabella che segue è strutturata in modo da poter eseguire abbastanza con facilità i tre tipi di valutazione presentati a inizio libro.

	= BLOCCO A
	= BLOCCO B

QUESITO	NUCLEO	SOLUZIONE	NOTE
F1	Numeri	C	
F2 A	Dati & Prev.	10 minuti	
F2 B	Relaz. & F.ni	11	
F2 C	Relaz. & F.ni	1245 : 100 = 12,45 numero di dosi disponibili, quindi per 12 persone. Margherita deve togliere la dose per sé, dunque può invitare al massimo 11 persone. [O ragionamenti simili]	
F3	Numeri	... = 8	
F4	Relaz. & F.ni	C	
F5 A	Spazio & Fig.	A	
F5 B	Spazio & Fig.	D	
F5 C	Spazio & Fig.	360 : 12 : 2 = 15	
F6	Numeri	4825	
F7	Relaz. & F.ni	V F F V V	1 punto se almeno 4 sono giuste
F8	Dati & Prev.	B	
F9	Spazio & Fig.	A	

GRIGLIE DI CORREZIONE

QUESITO	NUCLEO	SOLUZIONE	NOTE
F10	Numeri	$10 \cdot (9 - 2^3) + 5 \cdot 3$	
F11	Relaz. & F.ni	C	
F12	Spazio & Fig.	P2, P3, P5, P6	1 punto solo se sono state indicate tutte le quattro figure.
F13 A	Relaz. & F.ni	8 aiuole	
F13 B	Relaz. & F.ni	24 m	
F14	Numeri	F V V F	1 punto se almeno 3 sono giuste.
F15 A	Dati & Prev.	75 anni	
F15 B	Dati & Prev.	A	
F16	Spazio & Fig.	Figura 3	
F17	Relaz. & F.ni	B	Notare come le altre regole vanno bene solo per alcuni numeri di partenza, ma non per tutti!
F18 A	Spazio & Fig.	B	
F18 B	Spazio & Fig.	6	
F19 A	Dati & Prev.	B	
F19 B	Dati & Prev.	D	
F20	Numeri	A	
F21 A	Numeri	D	Si tratta della proprietà invariantiva!
F21 B	Numeri	1	*Nota: nella I edizione del libro questa domanda era formulata in maniera ambigua e la risposta poteva così essere anche 10^3 o 1000.*
F22	Spazio & Fig.	280 Volt	
F23	Dati & Prev.	Alle 20.00	Accettabile anche alle "8 di sera"
F24 A	Spazio & Fig.	38 m	
F24 B	Spazio & Fig.	B	
F25	Relaz. & F.ni	C	
F26	Numeri	A	

GRIGLIE DI CORREZIONE

7 TRA I QUESITI PIÙ DIFFICILI DELLE PROVE INVALSI

10 items in totale (10 è dunque il punteggio massimo).

QUESITO	NUCLEO	SOLUZIONE	NOTE
X1	Numeri	D	Si va contro il pre-concetto che una moltiplicazione dia un risultato più grande di una divisione! In particolare, dividendo un numero intero positivo > 1 per uno < 1 si ottiene una quantità più grande!
X2	Spazio & Fig.	Sì, perché....	Nella risposta si deve fare riferimento o al fatto che al ritorno per un tratto percorre due lati di un triangolo invece di uno come all'andata oppure alle misure dirette dei due percorsi (uno circa 9 cm e l'altro circa 10). [Esempi di risposte non corrette: Sì, perché al ritorno deve passare dal fruttivendolo e in pescheria; Sì, perché ha fatto più curve; Sì, perché ci sono più angoli; Sì, perché …. (l'alunno non scrive nulla sui puntini)].
X3	Numeri	B	Si tratta di operare correttamente con equivalenze e potenze di 10. Per passare da km a m si deve moltiplicare per 1000 ossia per 10^3. Applicando ora la proprietà delle

GRIGLIE DI CORREZIONE

QUESITO	NUCLEO	SOLUZIONE	NOTE
			potenze sul prodotto di potenze con la stessa base (si sommano gli esponenti) si ottiene 10^9.
X4 A	Dati & Prev.	D	21+15+2=38.
X4 B	Dati & Prev.	1,5	L'errore di calcolo influisce nel punteggio della risposta B, nella C invece viene valutato il procedimento. Sono accettabili anche risposte in cui viene omesso il prodotto ma si indica solo la somma delle giuste quantità (53 + 42 + ...), piuttosto che quelli in cui compaiono anche i due prodotti per zero. Non sono accettabili invece risposte in cui si finisca in un discorso ambiguo e poco preciso, come "ho sommato tutti i gelati e diviso per 100".
X4 C	Dati & Prev.	(1·53 + 2 · 21 + 3 · 15 + 5 · 2) : 100	
X5 A	Relaz. & F.ni	22	7 l = 700 cl. 700 : 33 = 21 con resto 7. Servono dunque 22 flaconi. Il liquido gettato via (domanda B) non è pari a 7, ma è pari a 33 − 7 = 26 cl.
X5 B	Relaz. & F.ni	26 cl	NB: La risposta al quesito B è considerata corretta anche se la quantità di liquido indicata è sbagliata, ma risulta coerente con la risposta data al quesito A. Ciò accade nel caso sia stata messo come risposta A) 23 e B) 59 cl. (Infatti 23 · 33 = 759 e dunque avanzerebbero 59 cl).

GRIGLIE DI CORREZIONE

QUESITO	NUCLEO	SOLUZIONE	NOTE
X6	Spazio & Fig.	45°	Deve formarsi un triangolo rettangolo isoscele!
X7	Numeri	No, perché...	Sono accettabili le risposte che mostrano un controesempio o quelle che fanno riferimento al fatto che così si trovano solo alcuni multipli di 15.

NOTE FINALI SU AUTOVALUTAZIONE E VALUTAZIONE

QUAND'È CHE SI È SVOLTA UNA BUONA AUTOVALUTAZIONE?

Ecco alcune possibili indicazioni che possono valere sia per il singolo studente che stia utilizzando in autonomia questa edizione speciale con soluzioni integrate sia per l'intera classe qualora venga effettuata una discussione plenaria.

> Gli esercizi della prova erano:
>
> ☐ semplici;   ☐ della giusta difficoltà;   ☐ impegnativi;   ☐ difficili.

- ✓ lo studente ha trovato gli esercizi semplici e ha ottenuto un punteggio e una valutazione alti o comunque superiori ai suoi standard durante l'anno scolastico;

- ✓ lo studente ha trovato gli esercizi della giusta difficoltà e ha ottenuto una valutazione in linea con le sue prestazioni durante il corso dell'anno scolastico (comunque non insufficiente);

- ✓ lo studente ha trovato gli esercizi impegnativi ma è comunque riuscito a raggiungere un livello sufficiente;

- ✓ lo studente ha trovato gli esercizi difficili e ha ottenuto una valutazione insufficiente oppure molto al di sotto dei suoi standard (lo studente di solito bravo che prende invece 6 o 7).

GRIGLIE DI CORREZIONE

> Ho trovato maggiori difficoltà (anche più risposte):
>
> ☐ nella comprensione del testo;
> ☐ nell'esecuzione dei calcoli;
> ☐ nel sapere che formule/regole usare;
> ☐ nel tempo a disposizione.

- ✓ Lo studente ha riscontrato difficoltà nella comprensione dei testi e ha ottenuto un punteggio basso nei problemi del blocco B e tendenzialmente in quelli relativi a *Relazioni, Funzioni Misure* e *Dati & previsioni*;

- ✓ lo studente ha riscontrato difficoltà nei calcoli e ha ottenuto un punteggio basso nei problemi relativi ai *Numeri* e in quelli relativi ai problemi (in particolare con doppia domanda, sbagliando il risultato ma individuando la strategia giusta);

- ✓ lo studente ha riscontrato difficoltà nel sapere che formule/regole utilizzare e ha ottenuto un punteggio basso nei quesiti del blocco A e tendenzialmente in quelli relativi a *Spazio & figure* e *Numeri*;

- ✓ lo studente avrebbe voluto maggior tempo a disposizione e non ha completato la prova oppure ha lasciato in bianco o ha sbagliato le domande a risposte aperta.

> Credo di aver fatto meglio gli esercizi (anche più risposte):
>
> ☐ di calcolo numerico;
> ☐ di geometria;
> ☐ di logica, ragionamento e intuizione (problemi);
> ☐ relativi a grafici, tabelle, previsioni ed equivalenze.

- ✓ Lo studente ha correttamente indicato i nuclei tematici in cui ha effettivamente ottenuto il punteggio più alto nella valutazione 3, quella per competenze, in particolare secondo l'immediata corrispondenza:

    calcolo numerico → *Numeri*;   geometria → *Spazio & Figure*;
    di logica, ragionamento e intuizione (problemi) → *Relazioni & Funzioni*;
    relativi a grafici, tabelle, previsioni ed equivalenze → *Misure, Dati & Previsioni*.

GRIGLIE DI CORREZIONE

COME ATTRIBUIRE IL LIVELLO NELLA VALUTAZIONE PER COMPETENZE?

La terza valutazione, relativa alle **competenze**, sarà tanto più utile quanto più sarà ripetuta nel corso delle varie prove di questo libro e incrociata con le osservazioni compiute con il lavoro di classe.

Secondo le Linee guida ministeriali, infatti, "la certificazione delle competenze non va intesa come semplice trasposizione degli esiti degli apprendimenti disciplinari, ma *come valutazione complessiva in ordine alle capacità degli allievi di utilizzare i saperi acquisiti per affrontare compiti e problemi, complessi e nuovi, reali o simulati.*" Questa capacità è appunto la competenza, ove "i singoli contenuti di apprendimento sono i mattoni con cui si costruisce la competenza personale."

Questa terza valutazione dovrebbe non sostituire, ma bensì accompagnare e integrare la normale valutazione disciplinare. <u>Lavorando sulle competenze si dovrebbe generare un miglioramento a lungo termine anche sulla valutazione disciplinare</u>, avendo chiari gli ambiti in cui gli studenti risultano più deboli e meno ferrati o, appunto, competenti.

L'attribuzione dei livelli[*] si può basare sul numero di risposte corrette per ogni nucleo tematico. Ad esempio:

punteggio massimo o un solo punto in meno = *livello avanzato*;

2-3 punti in meno = *livello intermedio*;

e così via.

Tuttavia, come già detto, <u>ancor meglio sarebbe desumere questi livelli da una osservazione sui risultati di più prove</u>.

Ad esempio di avrà un *livello avanzato* in un cero ambito se nella maggior parte delle prove si è ottenuto un punteggio molto elevato in quel nucleo tematico; *livello intermedio* se l'andamento non è sempre stato costante ma con punte di eccellenza, oppure se partendo dalla prima prova ad arrivare con l'ultima si nota una progressione; il *livello base* si ha quando i punteggi sono generalmente 4-

---

[*] Si veda anche la tabella nel capitolo che segue "Riferimenti Normativi".

GRIGLIE DI CORREZIONE

5 punti sotto il massimo e sfiorano raramente l'eccellenza; il *livello iniziale* quando si è quasi sempre ottenuto un punteggio basso in quell'ambito e non si ravvisa un miglioramento o, anzi, vi è stata una involuzione netta dei punteggi.

NOTA: sempre a proposito di competenze, pure l'analisi dell'autovalutazione compiuta dallo studente – di cui abbiamo discusso ampiamente nelle precedenti pagine - fornisce indicazioni sul livello relativo alle seguenti competenze europee (European Qualifications Framework):

EQF n.9 *"Originalità e spirito di iniziativa"* (che prevede anche la disposizione ad analizzare se stessi e a misurarsi con novità ed imprevisti);

EQF n.10 *"Consapevolezza delle proprie potenzialità e dei propri limiti"*.

RIFERIMENTI NORMATIVI

Estratto del C.M. 3 DEL 13.02.2014: "Rubriche per la guida all'osservazione, la valutazione e la certificazione delle dimensioni di competenza del profilo contenute nelle schede di certificazione delle competenze al termine della Scuola Primaria e della Scuola Secondaria di Primo Grado".

Nota: Tra parentesi quadra si sono aggiunti i riferimenti ai nuclei tematici cui fanno riferimento in modo peculiare le prove INVALSI e quelle di questo volume, di modo da facilitare ogni lettore (studente o insegnante) nell'attribuzione del livello.

Si tenga altresì conto che le indicazioni ministeriali fanno riferimento alle competenze al termine dell'intero ciclo di tre anni di Scuola Secondaria di primo grado.

COMPETENZA EUROPEA N.3 RELATIVA ALLE COMPETENZE MATEMATICHE – SCIENTIFICHE – TECNOLOGICHE

Profilo: Le sue conoscenze matematiche e scientifico-tecnologiche consentono allo studente di analizzare dati e fatti della realtà e di verificare l'attendibilità delle analisi quantitative e statistiche proposte da altri. Il possesso di un pensiero logico-scientifico gli consente di affrontare problemi e situazioni sulla base di elementi certi e di avere consapevolezza dei limiti delle affermazioni che riguardano questioni complesse che non si prestano a spiegazioni univoche.

GRIGLIE DI CORREZIONE

Livello	Descrizione
INIZIALE	**[Numeri]** Conta in senso progressivo e regressivo anche saltando numeri. Conosce il valore posizionale delle cifre ed opera nel calcolo tenendone conto correttamente. Esegue mentalmente e per iscritto le quattro operazioni ed opera utilizzando le tabelline. Opera con i numeri naturali e le frazioni. **[Spazio & figure]** Esegue percorsi anche su istruzione di altri. Denomina correttamente figure geometriche piane, le descrive e le rappresenta graficamente e nello spazio. **[Relazioni & funzioni]** Classifica oggetti, figure, numeri in base a più attributi e descrive il criterio seguito. **[Misure, dati & previsioni]** Sa utilizzare semplici diagrammi, schemi, tabelle per rappresentare fenomeni di esperienza. Esegue misure utilizzando unità di misura convenzionali. Risolve semplici problemi matematici relativi ad ambiti di esperienza con tutti i dati esplicitati e con la supervisione dell'adulto. * * * L'alunno sviluppa atteggiamenti di curiosità e modi di guardare il mondo che lo stimolano a cercare spiegazioni di quello che vede succedere. Esplora i fenomeni con un approccio scientifico: con l'aiuto dell'insegnante, dei compagni, in modo autonomo, osserva e descrive lo svolgersi dei fatti, formula domande, anche sulla base di ipotesi personali, propone e realizza semplici esperimenti. Individua nei fenomeni somiglianze e differenze, fa misurazioni, registra dati significativi, identifica relazioni spazio/temporali. Individua aspetti quantitativi e qualitativi nei fenomeni, produce rappresentazioni grafiche e schemi di livello adeguato, elabora semplici modelli. Riconosce le principali caratteristiche e i modi di vivere di organismi animali e vegetali. Ha consapevolezza della struttura e dello sviluppo del proprio corpo, nei suoi diversi organi e apparati, ne riconosce e descrive il funzionamento, utilizzando modelli intuitivi ed ha cura della sua salute. Ha atteggiamenti di cura verso l'ambiente scolastico che condivide con gli altri; rispetta e apprezza il valore dell'ambiente sociale e naturale. Espone in forma chiara ciò che ha sperimentato, utilizzando un linguaggio appropriato. Trova da varie fonti (libri, internet, discorsi degli adulti, ecc.) informazioni e spiegazioni sui problemi che lo interessano.

GRIGLIE DI CORREZIONE

Livello	Descrizione
BASE	**[Numeri]** Si muove con sicurezza nel calcolo scritto e mentale con i numeri naturali e sa valutare l'opportunità di ricorrere a una calcolatrice. **[Spazio & figure]** Riconosce e rappresenta forme del piano e dello spazio, relazioni e strutture che si trovano in natura o che sono state create dall'uomo. Descrive, denomina e classifica figure in base a caratteristiche geometriche, ne determina misure, progetta e costruisce modelli concreti di vario tipo. **[Relazioni & funzioni]** Legge e comprende testi che coinvolgono aspetti logici e matematici. Riesce a risolvere facili problemi in tutti gli ambiti di contenuto, mantenendo il controllo sia sul processo risolutivo, sia sui risultati. Descrive il procedimento seguito e riconosce strategie di soluzione diverse dalla propria. Costruisce ragionamenti formulando ipotesi, sostenendo le proprie idee e confrontandosi con il punto di vista di altri. Riconosce e utilizza rappresentazioni diverse di oggetti matematici (numeri decimali, frazioni, percentuali, scale di riduzione, ...). **[Misure, dati & previsioni]** Utilizza strumenti per il disegno geometrico (riga, compasso, squadra) e i più comuni strumenti di misura (metro, goniometro...). Ricerca dati per ricavare informazioni e costruisce rappresentazioni (tabelle e grafici). Ricava informazioni anche da dati rappresentati in tabelle e grafici. Riconosce e quantifica, in casi semplici, situazioni di incertezza. * * * L'alunno sviluppa un atteggiamento positivo rispetto alla matematica, attraverso esperienze significative, che gli hanno fatto intuire come gli strumenti matematici che ha imparato ad utilizzare siano utili per operare nella realtà. L'alunno sviluppa atteggiamenti di curiosità e modi di guardare il mondo che lo stimolano a cercare spiegazioni di quello che vede succedere. Esplora i fenomeni con un approccio scientifico: con l'aiuto dell'insegnante, dei compagni, in modo autonomo, osserva e descrive lo svolgersi dei fatti, formula domande, anche sulla base di ipotesi personali, propone e realizza semplici esperimenti. Individua nei fenomeni somiglianze e differenze, fa misurazioni, registra dati significativi, identifica relazioni spazio/temporali. Individua aspetti quantitativi e qualitativi nei fenomeni, produce rappresentazioni grafiche e schemi di livello adeguato, elabora semplici

GRIGLIE DI CORREZIONE

LIVELLO	DESCRIZIONE
BASE	modelli. Riconosce le principali caratteristiche e i modi di vivere di organismi animali e vegetali. Ha consapevolezza della struttura e dello sviluppo del proprio corpo, nei suoi diversi organi e apparati, ne riconosce e descrive il funzionamento, utilizzando modelli intuitivi ed ha cura della sua salute. Ha atteggiamenti di cura verso l'ambiente scolastico che condivide con gli altri; rispetta e apprezza il valore dell'ambiente sociale e naturale. Espone in forma chiara ciò che ha sperimentato, utilizzando un linguaggio appropriato, Trova da varie fonti (libri, internet, discorsi degli adulti, ecc.) informazioni e spiegazioni sui problemi che lo interessano.
INTERMEDIO	**[Numeri]** Opera con i numeri naturali, decimali e frazionari; utilizza i numeri relativi, le potenze e le proprietà delle operazioni, con algoritmi anche approssimati in semplici contesti. **[Spazio & figure]** Opera con figure geometriche piane e solide identificandole in contesti reali; le rappresenta nel piano e nello spazio; utilizza in autonomia strumenti di disegno geometrico e di misura adatti alle situazioni; padroneggia il calcolo di perimetri, superfici, volumi. **[Relazioni & funzioni]** Risolve problemi di esperienza, utilizzando le conoscenze apprese e riconoscendo i dati utili dai superflui. Sa spiegare il procedimento seguito e le strategie adottate. Utilizza il linguaggio e gli strumenti matematici appresi per spiegare fenomeni e risolvere problemi concreti. **[Misure, dati & previsioni]** Interpreta semplici dati statistici e utilizza il concetto di probabilità. Utilizza in modo pertinente alla situazione gli strumenti di misura convenzionali, stima misure lineari e di capacità con buona approssimazione; stima misure di superficie e di volume utilizzando il calcolo approssimato. Interpreta fenomeni della vita reale, raccogliendo e organizzando i dati in tabelle e in diagrammi in modo autonomo. Sa ricavare: frequenza, percentuale, media, moda e mediana dai fenomeni analizzati. *** L'alunno esplora e sperimenta, in laboratorio e all'aperto, lo svolgersi dei più comuni fenomeni, formula ipotesi e ne verifica le cause; ipotizza

GRIGLIE DI CORREZIONE

Livello	Descrizione
INTERMEDIO	soluzioni ai problemi in contesti noti. Nell'osservazione dei fenomeni, utilizza un approccio metodologico di tipo scientifico. Utilizza in autonomia strumenti di laboratorio e tecnologici semplici per effettuare osservazioni, analisi ed esperimenti; sa organizzare i dati in semplici tabelle e opera classificazioni. Interpreta ed utilizza i concetti scientifici e tecnologici acquisiti con argomentazioni coerenti. Individua le relazioni tra organismi e gli ecosistemi; ha conoscenza del proprio corpo e dei fattori che possono influenzare il suo corretto funzionamento. Sa ricercare in autonomia informazioni pertinenti da varie fonti e utilizza alcune strategie di reperimento, organizzazione, recupero. Sa esporre informazioni anche utilizzando ausili di supporto grafici o multimediali. Fa riferimento a conoscenze scientifiche e tecnologiche apprese per motivare comportamenti e scelte ispirati alla salvaguardia della salute, della sicurezza e dell'ambiente, portando argomentazioni coerenti.
AVANZATO	**[Numeri]** L'alunno si muove con sicurezza nel calcolo anche con i numeri razionali, ne padroneggia le diverse rappresentazioni e stima la grandezza di un numero e il risultato di operazioni. **[Spazio & figure]** Riconosce e denomina le forme del piano e dello spazio, le loro rappresentazioni e ne coglie le relazioni tra gli elementi. Analizza e interpreta rappresentazioni di dati per ricavarne misure di variabilità e prendere decisioni. **[Relazioni & funzioni]** Riconosce e risolve problemi in contesti informazioni e la loro coerenza. Spiega il procedimento seguito, anche in forma scritta, mantenendo il controllo sia sul processo risolutivo, sia sui risultati. Confronta procedimenti diversi e produce formalizzazioni che gli consentono di passare da un problema specifico a una classe di problemi. Produce argomentazioni in base alle conoscenze teoriche acquisite (ad esempio sa utilizzare i concetti di proprietà caratterizzante e di definizione). Sostiene le proprie convinzioni, portando esempi e controesempi adeguati e utilizzando concatenazioni di affermazioni; accetta di cambiare opinione riconoscendo le conseguenze logiche di una argomentazione corretta. **[Misure, dati & previsioni]** Utilizza e interpreta il linguaggio matematico (piano cartesiano, grafici, formule, equazioni, ...) e ne coglie il rapporto

GRIGLIE DI CORREZIONE

LIVELLO	DESCRIZIONE
AVANZATO	col linguaggio naturale. Nelle situazioni di incertezza (vita quotidiana, giochi, …) si orienta con valutazioni di probabilità. * * * L'alunno ha rafforzato un atteggiamento positivo rispetto alla matematica attraverso esperienze significative e ha capito come gli strumenti matematici appresi siano utili in molte situazioni per operare nella realtà. L'alunno esplora e sperimenta, in laboratorio e all'aperto, lo svolgersi dei più comuni fenomeni, ne immagina e ne verifica le cause; ricerca soluzioni ai problemi, utilizzando le conoscenze acquisite. Sviluppa semplici schematizzazioni e modellizzazioni di fatti e fenomeni ricorrendo, quando è il caso, a misure appropriate e a semplici formalizzazioni. Riconosce nel proprio organismo strutture e funzionamenti a livelli macroscopici e microscopici, è consapevole delle sue potenzialità e dei suoi limiti. Ha una visione della complessità del sistema dei viventi e della sua evoluzione nel tempo; riconosce nella loro diversità i bisogni fondamentali di animali e piante, e i modi di soddisfarli negli specifici contesti ambientali. È consapevole del ruolo della comunità umana sulla Terra, del carattere finito delle risorse, nonché dell'ineguaglianza dell'accesso a esse, e adotta modi di vita ecologicamente responsabili. Collega lo sviluppo delle scienze allo sviluppo della storia dell'uomo. Ha curiosità e interesse verso i principali problemi legati all'uso della scienza nel campo dello sviluppo scientifico e tecnologico.

INDICE

NON UNA PREFAZIONE, MA QUASI...	5
PRIMA DI INIZIARE...	7
CORREZIONE E VALUTAZIONE DELLE PROVE	8
PROVA ZERO: TEST DI ATTENZIONE	12
PROVA A	21
PROVA B	34
PROVA C	48
PROVA D	65
PROVA E	82
PROVA F	100
7 TRA I QUESITI PIÙ DIFFICILI DELLE PROVE INVALSI	119
SEZIONE II: GRIGLIE DI CORREZIONE	126
PROVA ZERO: TEST DI ATTENZIONE	127
PROVA A	130
PROVA B	133
PROVA C	136
PROVA D	138
PROVA E	141
PROVA F	145
7 TRA I QUESITI PIÙ DIFFICILI DELLE PROVE INVALSI	147
NOTE FINALI SU AUTOVALUTAZIONE E VALUTAZIONE	150
RIFERIMENTI NORMATIVI	154
DELLO STESSO AUTORE	161
NOTE, APPUNTI, CALCOLI	163

DELLO STESSO AUTORE

COLLANA "MATEMATICA A SQUADRE"

- Matematica a Squadre: 366 E PIÙ PROBLEMI DELLE GARE DI MATEMATICA A SQUADRE PER LE SCUOLE MEDIE E IL PRIMO BIENNIO
- Matematica a Squadre: SPECIALE LOGICA
- Matematica a Squadre: SPECIALE FISICA & ALGEBRA
- Matematica a Squadre: SPECIALE ARITMETICA
- Matematica a Squadre: SPECIALE GEOMETRIA
- Matematica a Squadre: SPECIALE CONTEGGIO & STATISTICA
- Matematica a Squadre: SPECIALE ELEMENTARI

COLLANA "MATEMATICA A QUIZ"

- Matematica a Quiz – vol. 2
- Matematica a Quiz – vol. 3
- Matematica a Quiz – vol. 2 – Con Soluzioni Integrate
- Matematica a Quiz – vol. 3 – Con Soluzioni Integrate

DI PROSSIMA PUBBLICAZIONE

- Matematica a Squadre: I 10 PIÙ BEI QUESITI DELLE GARE A SQUADRE & GARE A TEMA

«Calculemus!

Quando sorgano controversie non ci

sarà più bisogno di dispute fra due filosofi di

quanto non ce ne sia fra due ragionieri.

Basterà infatti prendere la penna, sedersi

all'abaco e dirsi vicendevolmente: calcoliamo!»

Gottfried W. Leibniz.

NOTE, APPUNTI, CALCOLI